电波折射环境探测与误差修正技术

Radio Wave Refraction Environment Detection and
Error Correction Technology

朱庆林　董翔　孙方　刘琨　慈颖　王海宁　著

国防工业出版社
·北京·

内 容 简 介

近年来，人们一直在对大气环境进行认知与探索，随着各种新探测手段与技术的出现，大气环境从原本看不见、摸不到逐渐向透明化方面发展。随着认识的不断加深，人们也越来越重视大气环境对于信息化系统的影响。本书介绍了对流层、电离层环境分布特性及电波传播效应，总结了当前对流层、电离层环境探测手段和监测技术，并给出了适用于不同信息化系统的大气折射误差修正设计。全书共分为6章，内容包括：对流层大气折射环境、电离层大气折射环境、对流层折射参数监测技术、电离层折射参数监测技术、大气折射误差修正技术及应用、反常大气折射环境特性及误差修正技术。每章都提供了与章节主题相关的介绍、定义、基本公式、表格和图形等。

本书适合空间物理、无线电等专业相关科研人员阅读。

图书在版编目（CIP）数据

电波折射环境探测与误差修正技术／朱庆林等著. 北京：国防工业出版社，2025.2. -- ISBN 978-7-118-13592-3

Ⅰ．TN011

中国国家版本馆 CIP 数据核字第 2025TY0663 号

※

国防工业出版社出版发行

（北京市海淀区紫竹院南路23号 邮政编码100048）
雅迪云印（天津）科技有限公司印刷
新华书店经售

*

开本 710×1000 1/16 印张 11½ 字数 204 千字
2025年2月第1版第1次印刷 印数 1—1500 册 定价 89.00 元

（本书如有印装错误，我社负责调换）

国防书店：(010) 88540777 书店传真：(010) 88540776
发行业务：(010) 88540717 发行传真：(010) 88540762

前　言

在复杂电磁环境下的信息化作战中，对流层、电离层等大气环境折射参数信息已经成为与气象水文和地理信息一样的重要战场环境信息，对信息化装备发挥着越来越重要的"天气预报"作用，大气环境折射参数的变化直接影响电波的传播特性，进而影响信息系统的工作效能。随着航天技术和现代武器系统的发展，对信息系统的目标探测、定位精度等工作性能提出了更高的指标要求，电波环境作为雷达、测控、导航定位等电子系统信息的传输介质，对信息系统的性能具有重要影响。大气折射率随时间和空间产生规则的和随机的复杂变化，使得无线电波在传播过程中产生衰减、闪烁、色散、折射等电波传播效应。大气波导等超折射现象会使电磁波发生超视距传播，引起更大的折射误差。受电波折射环境的影响，雷达、测控系统探测到目标的距离和仰角与目标真实距离和仰角发生偏差，显著的大气折射误差会严重制约雷达、卫星测控等系统的目标探测性能和测定轨精度，因此大气折射环境的高精度现报和预报对信息系统探测、定位等工作性能具有重大意义。

本书全面介绍了对流层、电离层电波折射环境参数的分布特性和电波传播折射效应，并且给出了当前国内外主要的对流层、电离层折射参数的监测手段和具体方法，以及相关的折射误差修正技术和不同系统领域的相关应用情况。其中，第 1 章主要介绍了对流层大气环境参数的分布特性、预测模型以及与对流层折射相关的电波传播效应；第 2 章主要介绍了电离层大气环境参数的分布特性、预测模型以及与电离层折射相关的电波传播效应；第 3 章主要介绍了目前国内外主流、先进的对流层折射参数监测、预报手段和相关技术；第 4 章主要介绍了目前国内外主流、先进的电离层折射参数监测、反演手段和相关技术；第 5 章详细介绍了基于射线描迹的高精度大气折射误差修正技术，以及不同类型修正系统中的典型应用方法和实施效果；第 6 章主要针对大气波导反常折射环境进行传播特性和超折射误差修正技术介绍。

本书由多名研究人员的学术成果整理汇集而成：朱庆林拟定了全书的内容框架，并撰写了第 3、4 章相关内容；董翔、孙方撰写了第 1、5、6 章相关内容；刘琨、慈颖撰写了第 2、3 章相关内容，王海宁撰写了第 4、5 章相关内容，并对全书进行了内容整理和文字检查。

  本书内容涉及面较广，专业性较强，可以为相关领域科研人员和技术应用部门提供对应的辅助参考。由于作者水平有限，成稿时间仓促，无法避免出现技术疏漏和文字错误，殷切希望读者批评指正，不吝赐教，展开进一步的学术探讨，共同推进电波折射修正领域的技术创新和发展。

作者

2025 年 1 月

目 录

第1章 对流层大气折射环境 ... 1

1.1 对流层大气环境参数特性 ... 1
1.1.1 基本参量及其变化特性 ... 1
1.1.2 折射指数及其变化特性 ... 6

1.2 对流层模型 ... 11
1.2.1 分段模型 ... 11
1.2.2 Hopfield 模型 ... 14
1.2.3 线性模型 ... 15
1.2.4 指数模型 ... 15
1.2.5 双指数模型 ... 15

1.3 对流层电波传播效应 ... 16
1.3.1 大气的聚焦和散焦效应 ... 16
1.3.2 大气吸收衰减 ... 16
1.3.3 对流层闪烁和多径衰落 ... 23
1.3.4 对流层延迟 ... 27

参考资料 ... 29

第2章 电离层大气折射环境 ... 30

2.1 电离层大气环境参量 ... 30
2.1.1 电离层影响因素 ... 30
2.1.2 特征参量 ... 35
2.1.3 折射参量 ... 42

2.2 电离层模型 ... 43
2.2.1 国际参考电离层模型 ... 44
2.2.2 中国参考电离层模型 ... 44
2.2.3 NeQuick 模型 ... 44

  2.2.4 附加赤道双峰扰动的准抛物模型 ·· 45
 2.3 电离层电波传播效应 ·· 45
  2.3.1 群时延 ·· 46
  2.3.2 相位超前 ·· 46
  2.3.3 法拉第旋转 ·· 47
  2.3.4 多普勒效应 ·· 49
  2.3.5 折射效应 ·· 49
  2.3.6 色散 ·· 52
  2.3.7 吸收 ·· 53
 参考资料 ·· 55

第3章 对流层折射参数监测技术 ·· 56

 3.1 对流层大气折射参数探测手段 ·· 56
  3.1.1 无线电探空仪 ··· 56
  3.1.2 折射率仪 ·· 57
  3.1.3 ST 雷达 ·· 58
  3.1.4 微波辐射计对流层大气折射参数监测 ································· 59
  3.1.5 基于 GNSS 对流层大气折射参数监测 ································ 64
 3.2 区域对流折射参数监测技术 ··· 73
  3.2.1 GNSS 层析区域对流层折射参数反演 ································· 73
  3.2.2 基于数值预报区域对流层折射参数反演 ····························· 78
  3.2.3 基于多站点再分析数据的区域对流层环境模型 ····················· 85
 参考资料 ·· 86

第4章 电离层折射参数监测技术 ·· 88

 4.1 电离层大气折射参数探测手段 ·· 88
  4.1.1 电离层垂测仪 ··· 88
  4.1.2 GNSS 电离层 TEC 与闪烁监测仪 ····································· 90
  4.1.3 电离层探针 ·· 97
  4.1.4 大功率散射雷达 ·· 98
  4.1.5 流星雷达 ·· 99
  4.1.6 GNSS 电离层掩星 ·· 100
 4.2 区域电离层折射参数监测技术 ··· 103
  4.2.1 GNSS 层析区域电离层折射参数监测 ······························· 103

4.2.2 数据吸收区域电离层折射参数反演 ... 107
4.2.3 数据同化区域电离层折射参数反演 ... 111
4.2.4 电离层闪烁区域现报技术 ... 114
参考资料 ... 117

第5章 大气折射误差修正技术及应用 ... 119
5.1 大气折射误差修正原理 ... 119
5.2 折射误差修正方法 ... 122
5.2.1 基于球面分层的二维射线描迹法 ... 122
5.2.2 射线描迹快速算法 ... 133
5.2.3 三维射线规范方程 ... 137
5.3 大气折射误差修正系统及典型应用 ... 141
5.3.1 测控系统 ... 141
5.3.2 地面雷达 ... 143
5.3.3 全球导航定位系统 ... 144
5.3.4 星载合成孔径雷达 ... 148
参考资料 ... 154

第6章 反常大气折射环境特性及误差修正技术 ... 156
6.1 大气波导简介 ... 158
6.1.1 大气波导生成机制 ... 158
6.1.2 大气波导类型 ... 160
6.2 大气波导超视距传播产生条件 ... 163
6.3 反常大气环境下的射线描迹 ... 164
6.3.1 大气波导环境下的射线轨迹 ... 164
6.3.2 反常大气环境下的折射误差对比 ... 171
参考资料 ... 174

第1章 对流层大气折射环境

对流层是大气的最底层，通常指从海平面算起到12km左右的高度范围，是氮气、氧气、氢气、二氧化碳等多种气体与水蒸气的混合体。对流层大气的成分和分布特性与很多自然因素有关，如地理位置、季节、气象条件、地形地貌、昼夜变化等，因此其介质参数特性会随着空间和时间发生大尺度变化，无线电波在对流层中的传播特性与在自由空间中是不一样的，由于折射指数的分布不均匀性，无线电信号的传播路径会发生弯曲，传播速度小于真空中的光速，产生不同程度的对流层大气折射效应；对流层内的气体分子及云、雨、雾等水汽凝结体会对电波产生吸收和散射作用，造成电磁波的衰减；与此同时，对流层还叠加着大气的局部湍流运动，这种由水汽剧烈起伏造成的随机无规则运动会对电磁波造成对流层闪烁衰落，通常难以准确预测，只能通过统计研究进行特性分析。

本章内容的第一部分主要介绍了对流层中主要的大气环境参数，以及其时空变化特性；第二部分介绍了当前常用的几种典型大气折射率分布预测模型；第三部分给出了对流层内由于大气折射特性造成的各类电波传播效应。

1.1 对流层大气环境参数特性

1.1.1 基本参量及其变化特性

对流层紧贴地球表面，因此受地表影响较大，其高度范围与地理纬度有关。对流层在极区的高度为 8~10km，在中纬度约为 10~12km，在赤道可达 18km。因为该层空气对流很明显，空气移动是以上升气流和下降气流为主的对流运动，故称对流层。对流层大气的状态主要取决于大气温度、压强和湿度等大气环境气象参数。大量试验数据表明，大气参数在垂直高度方向上的变化比水平方向大 1~3 个量级，因此，在研究大气参数特性时通常忽略大气的水平方向变化，视大气为球面分层，将环境参数简化为随高度变化的物理量。

对流层大气温度与地理纬度、大气层高度和季节有关，一般随高度的增加而降低，大约每升高1km，温度下降5~6℃。地面气温在一年内的季节变化可高达70~80℃。在科学计算中，温度的单位通常有摄氏温度$t(℃)$和绝对温度$T(K)$两种表示方法，两种单位的转换关系如式（1.1）所示。

$$T = 273.16 + t \qquad (1.1)$$

不同纬度地区的温度随高度分布的模型系数不同，国际电联组织在ITU-R P.835-6建议中给出了不同纬度地区和季节的温度分布平均统计模型。图1-1为大气温度随高度的分布示例。

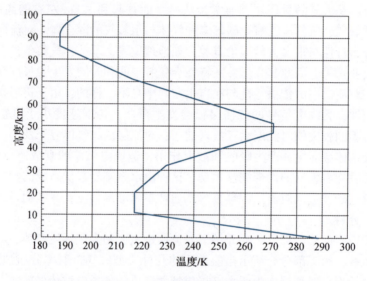

图1-1 大气温度随高度的分布

大气压强P定义为横切面积上承受的空气体积总重量，一般以百帕（hPa）或毫巴（mbar）为单位，一个标准大气压为1013.25hPa（mbar）。与气温相比，气压随时空变化的尺度相对较小，主要与海拔高度相关。国际电联组织同样在ITU-R P.835-6建议中给出了不同纬度地区和季节的压强分布平均统计模型。图1-2为大气压强随高度的分布示例。

湿度通常以空气的水汽压$e(hPa)$或相对湿度$u(\%)$来表示。大气中的水汽主要存在于3km以下的低层大气中，水汽随时间、地点和高度的变化幅度非常大，在传播计算中也常使用绝对湿度，即水汽密度$\rho(g/m^3)$来表示水汽的变化。国际电联组织同样在ITU-R P.835-6建议中给出了不同纬度地区和季节的水汽密度分布平均统计模型。图1-3为水汽密度随高度的分布示例。

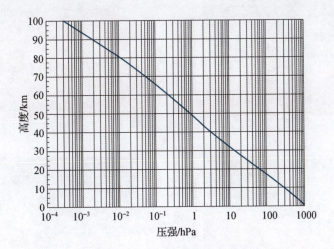

图 1-2 大气压强随高度的分布

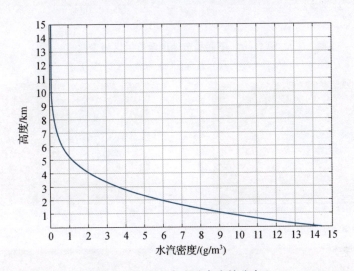

图 1-3 水汽密度随高度的分布

我国幅员辽阔,有着复杂多变的地形地貌,四季分明的气候特点,海洋和陆地交界地带经常引起季风、气旋等大范围的大气水平运动,寒流、信风等强对流现象发生频繁且强劲,使得我国各地区海拔高度、空气受热程度、水汽含量等都不相同,空气性质的差异非常大,因此对流层内水平方向上的温度、气压、湿度风速等气象要素的时空分布不均匀,具有明显的季节变化。图 1-4 ~ 图 1-6 给出了我国周边区域不同季节的平均地面参数分布。

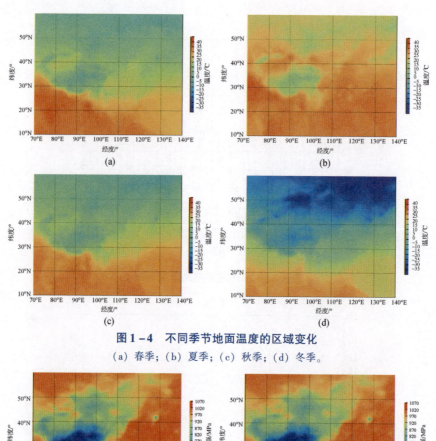

图1-4 不同季节地面温度的区域变化
(a) 春季；(b) 夏季；(c) 秋季；(d) 冬季。

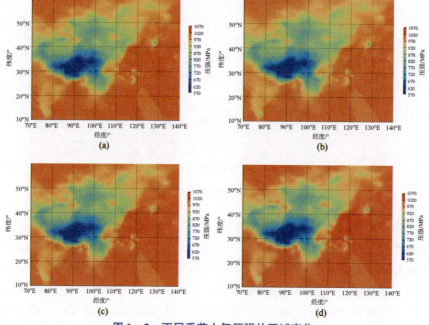

图1-5 不同季节大气压强的区域变化
(a) 春季；(b) 夏季；(c) 秋季；(d) 冬季。

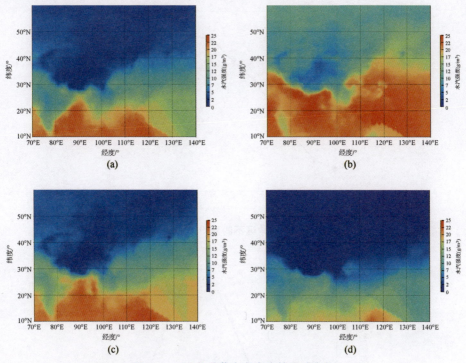

图 1-6 不同季节水汽密度的区域变化
(a) 春季；(b) 夏季；(c) 秋季；(d) 冬季。

图 1-7~图 1-9 为对青岛地区近 10 年的探空数据进行逐月统计分析，获得地面压强、温度、水汽密度在各月的均值。

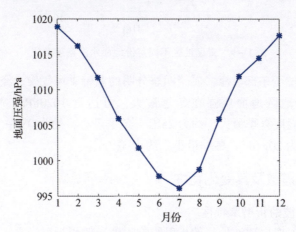

图 1-7 青岛地区不同月份地面压强变化

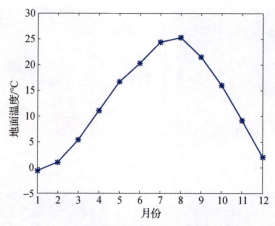

图 1-8 青岛地区不同月份地面温度变化

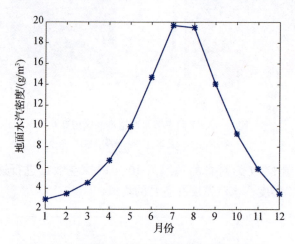

图 1-9 青岛地区不同月份地面水汽密度变化

青岛地区位于东部沿海，属于四季分明的温带季风气候。经逐月统计结果可以看出，该地区地面压强在冬季最大，可达近 1020hPa，夏季最小，约 995hPa；地面温度夏季最大，约为 25℃，冬季最小，约为 0℃；水汽密度同样夏季最大，约为 20g/m³，冬季最小，约为 3g/m³。

1.1.2 折射指数及其变化特性

1. 无线电波的折射率特性

对流层大气对电磁波信号的折射影响程度一般用折射指数 n 来表征，真空中的折射指数 $n=1$，无线电波以光速传播，但在对流层大气中的折射指数大于 1，一般在 1.00025 和 1.0004 之间，由于数值较小，n 值在电波传播研究中不方便实际应用，式 (1.2) 给出了大气折射率 N 定义（其单位为 N）。

$$N = (n-1) \times 10^6 \tag{1.2}$$

在 0~30GHz 频率范围内，对流层为非色散介质，大气折射率与频率无关，主要与大气温度、湿度和压强有关，可表示为折射率干项和湿项之和，如式 (1.3) 所示。

$$N = N_{\text{dry}} + N_{\text{wet}} = \frac{77.6}{T}\left(P + 4810\frac{e}{T}\right) \tag{1.3}$$

式中：折射率干项 $N_{\text{dry}} = 77.6\frac{P}{T}$；折射率湿项 $N_{\text{wet}} = 3.732 \times 10^5 \frac{e}{T^2}$；$P$ 为大气压强 (hPa)；e 为水汽压 (hPa)；T 为绝对温度 (K)。国际电联组织在 ITU-R P.453-9 建议中给出了水汽压 e（其单位为 hPa）与水汽密度 ρ 和温度 T 之间的经验公式，如式 (1.4) 所示。

$$e = \frac{\rho \cdot T}{216.7} \tag{1.4}$$

在气象探空数据中，往往给出的直接测量数据是相对湿度 RH，或者露点温度 t_a，它们与水汽压 e 间的转换关系如式 (1.5) ~ 式 (1.7) 所示。

$$e = E \times \frac{\text{RH}}{100} \tag{1.5}$$

$$E = a \times \exp\left(\frac{b \cdot t}{c+t}\right) \tag{1.6}$$

或

$$e = a \times \exp\left(\frac{b \cdot t_a}{c+t_a}\right) \tag{1.7}$$

式中：系数 a、b、c 的取值如表 1-1 所列。

表 1-1 水汽压换算常数表

系数	水（$-20℃ \leq t, t_a \leq 50℃$）	冰（$-50℃ \leq t, t_a \leq 0℃$）
a	6.1121	6.1115
b	17.502	22.452
c	240.97	272.55

由于大气折射率主要由大气温度、湿度和压强决定，同样地，大气折射率在垂直高度方向上的变化量要远大于水平距离上的变化，因此获取大气折射环

境参数随高度变化的廓线特性对于星地链路的电波传播效应来说至关重要。图 1-10 给出了对流层大气环境气象参数结构和折射参数廓线示例。

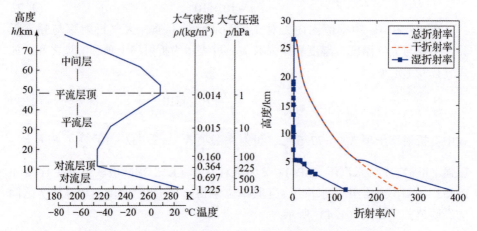

图 1-10　对流层大气环境气象参数结构和折射参数廓线示例

由图 1-10 可知，压强 P 和与水汽压 e 相关的水汽密度 ρ 衰减很快，它们都可以近似认为随高度按指数规律衰减，温度 T 在不同的高度区间其变化趋势不同。对流层折射率廓线描述了对流层折射率随高度的分布，图 1-11 给出利用气象探空数据统计的青岛地区不同季节的对流层折射率廓线示例。

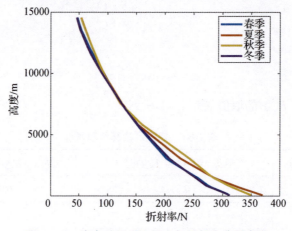

图 1-11　青岛地区对流层大气折射率典型廓线

由图 1-11 可知，不同季节的折射率在地面附近差距最大，随着高度的升高，不同季节的折射率差距逐渐变小。一般夏季的折射率梯度和地面折射率最高，冬季最低，这就导致青岛地区通常夏季的折射效应最强，冬季最弱。

对流层折射率干项相对于湿项来说很稳定,其变化主要是由占整个折射率 10% 左右的折射率湿项引起的。大部分地区折射率的日变化一般在 10~20N 单位以内,当天气异常时,可达 30~40N 单位。数据统计表明大多数地区平均折射率在冬季达到全年的最小值,夏季达到最大值。图 1-12 给出我国周边区域不同季节的地面折射率分布。

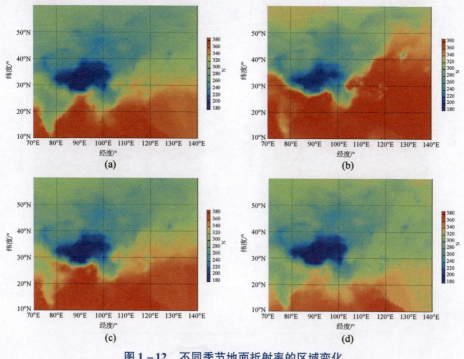

图 1-12 不同季节地面折射率的区域变化
(a) 春季;(b) 夏季;(c) 秋季;(d) 冬季。

由图 1-12 可知,在我国西北部地区,四季的地面折射率变化范围很小,大都在 20N 以内变化。其中,西中部折射率最低,最低接近 200N,西北部地区约为 270N 左右。而在我国东南沿海区域,夏季的地面折射率最高,可达近 380N,冬季最低,约为 300N,春秋季则为 360N 左右,变化量范围高达近 80N,地面折射率季节变化量非常明显。

图 1-13 给出了我国周边区域不同季节的地面折射率湿项分布。

由图 1-13 可知,东南沿海区域湿度大,其折射率湿项和变化范围也明显大于内陆地区,夏季时最高可达 100N 以上,冬季时最低也在 50N 左右。而我国西北部地区虽然也呈现出了四季变化,但变化量范围较小,同样夏季最高,约 50N 左右,冬季最低,约为 15N 左右。

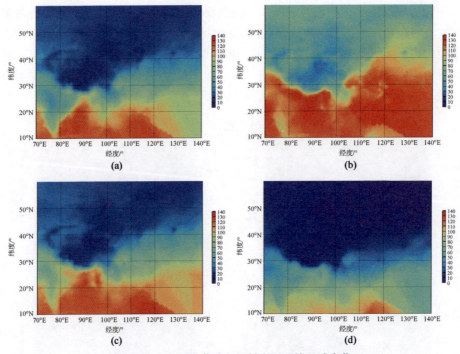

图 1-13 不同季节地面折射率湿项的区域变化

(a) 春季；(b) 夏季；(c) 秋季；(d) 冬季。

图 1-14 给出了青岛地区地面总折射率、折射率湿项、折射率干项的逐月统计结果。

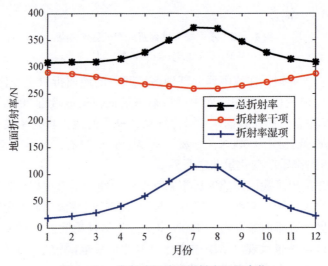

图 1-14 青岛地区地面折射率逐月变化

可以看出,折射率干项虽然占总量较大部分,但随月份的变化并不十分明显,相对稳定;折射率湿项虽然只占总量 10% 左右,但随月份的变化幅度较大,导致折射率总量的变化趋势与湿项变化趋势较为一致。

2. 光波的折射率特性

对于光波段来说,折射率与水汽的影响不大,且不再是非色散介质,折射率与光波波长有关。

$$N = 80.343 f(\lambda) \frac{P}{T} - 11.3 \frac{e_w}{T} \tag{1.8}$$

式中:λ 为光波长度(μm);$f(\lambda) = 0.965 + \dfrac{0.0164}{\lambda^2} + \dfrac{0.000228}{\lambda^4}$。

若忽略水汽的影响,光波段折射率如式(1.9)所示。

$$N = 77.6 \times (1 + 7.52 \times 10^{-3} \lambda^{-2}) \frac{P}{T} \times 10^{-6} \tag{1.9}$$

1.2 对流层模型

在进行对流层对电波折射效应影响研究时,必须先进行大气折射率的分布预测模型研究。目前国际上有多种折射率廓线统计模型,包括分段模型、Hopfield 模型、线性模型、指数模型、ITU – R 指数模型和双指数模型等,其中较为准确常用的模型主要为分段模型和 Hopfield 模型,以下分别介绍几种模型的计算方程。

1.2.1 分段模型

分段模型是地面至海拔 60km 整个低层大气的精确平均模式。海拔高度 h 处的大气折射率如式(1.10)所示。

$$N(h) = \begin{cases} N_0 - \Delta N_1 (h - h_s), & h_s \leq h \leq h_s + 1 \text{km} \\ N_1 \exp[-c_1 (h - h_s - 1)], & h_s + 1 \text{km} < h \leq 9 \text{km} \\ N_9 \exp[-c_9 (h - 9)], & 9 \text{km} < h < 60 \text{km} \end{cases} \tag{1.10}$$

式中:N_0 为地面位置处大气折射率(N);h_s 为地面位置处海拔高度(km);ΔN_1 为近地面至 1km 高度段的折射率负梯度(1/km);N_1 为距离地面 1km 高度处的大气折射率(N);c_1 为距离地面 1km 高度至海拔 9km 高度段的指数衰减率(1/km);N_9 为海拔 9km 高度处的大气折射率(N);c_9 为海拔 9km 高度至 60km 高度段的指数衰减率(1/km)。

《中华人民共和国国家军用标准》GJB 1655 – 93 中给出了我国不同月份分段模型各项系数的统计结果，我国 c_1 和 c_9 的全国年平均值分别为 0.1258/km 和 0.1434/km。东南沿海地区低层大气的折射率梯度明显高于西北内陆地区，东南沿海地区 ΔN_1 普遍在 50N 左右，西北内陆地区一般在 30N 左右。我国东南沿海地区 c_1 值普遍在 0.13/km 左右，西北、东北内陆地区一般在 0.12/km 左右。我国东南沿海地区 c_9 值普遍在 0.14/km 左右，西北、东北内陆地区一般在 0.15/km 左右。

分段模型的关键在于对分段系数的准确取值，在实际工程应用中，若想实现更高精度的折射率廓线预测，可以基于实际地理位置处的历史气象数据对分段系数进行拟合重构，建立高精度的改进分段模型。基于历史气象数据改进分段模型建模大致流程如下。

第一步：对台站历史气象探空数据进行解码、高度解算、折射率计算等数据预处理，剔除无效值，获取折射率高度分布廓线数据。

第二步：给定 N_0 和 N_9 取值范围，利用分段模型约束条件保证折射率在 1km 和 9km 高度处连续，并统计模型与气象探空剖面的均方根误差 RMSE。

第三步：调整系数 N_0、ΔN_1、c_1 和 c_9，直到（RMSE）达到最小。

第四步：输出系数 N_0、ΔN_1、c_1 和 c_9。

通用的分段模型参数每个月份给出一组参数，只能反映当地不同月份的折射率的大致变化情况，而对于月初和月末的几天，与实测剖面的吻合性往往较差。以国内某气象探空站为例，根据 1986—1995 年特性层气象数据进行分段模型建模，模型参数 ΔN_1、c_1、c_9 随地面折射率 N_0 的变化趋势如图 1 – 15 所示，图中横坐标为地面折射率初值，纵坐标为模型参数。

从以上三幅图中可以看出，参数 ΔN_1、c_1、c_9 与地面折射率 N_0 的线性相关性非常强，可近似表示成如式（1.11）的线性关系。

$$P_i = a_i \cdot N_0 + b_i \qquad (1.11)$$

式中：$i = \Delta N_1$、c_1、c_9；系数 a_i 和 b_i 可以用最小二乘法拟合得到。由此，只要已知地面折射率，就可以获取改进模型的折射率廓线。

选取水汽含量较大时的海口八月份的历史气象探空数据进行分段模型系数的拟合重构，进行改进分段模型建模，并将气象探空数据作为真值进行折射率廓线结果比较。图 1 – 16 给出了探空真值、改进分段模型与通用分段模型的折射率廓线计算结果，以及两个分段模型的折射率误差比较结果。

可以直观地看出：通用分段模型计算获取的折射率廓线与探空真值的偏离相对较大，改进模型的折射率误差明显小于通用分段模型。

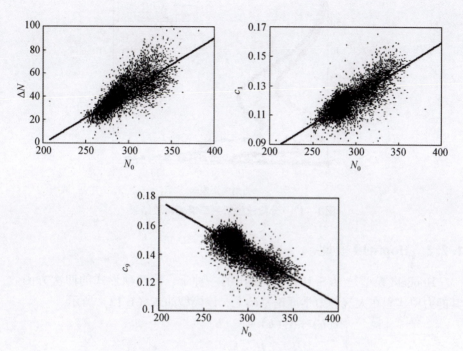

图 1-15　分段模型参数 ΔN_1、c_1、c_9 随实测 N_0 的变化趋势

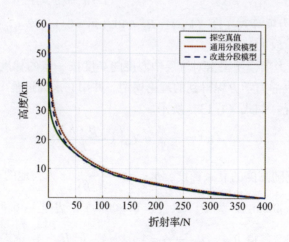

图 1-16　折射率廓线计算结果

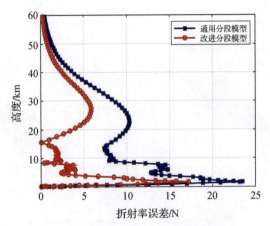

图 1-17 分段模型折射率误差比较结果

1.2.2 Hopfield 模型

Hopfield 模型是 H. S. Hopfield 提出的一种干、湿两项形式的四次方函数，其静力项建立在大气静力学理论基础上，该模型如式（1.12）所示。

$$\begin{cases} N(h) = N_h(h) + N_w(h) \\ N_i(h) = N_{i0}\left(\dfrac{H_i - h}{H_i - h_0}\right)^4, & i = h, w, h < H_i \\ N_i = 0, & i = h, w, h \geqslant H_i \end{cases} \quad (1.12)$$

式中：H_h 为静力项等效高度（km），$H_h = 40.136 + 0.14872 \cdot t_0$；$H_w$ 为湿项等效高度（km），取 11km。

Hopfield 静力项模型根据对流层中温度随高度按一定的梯度衰减这一统计特性，根据大气静力学方程得到的理论模型，并用它来描述整个中性大气层的折射率分布状况，如式（1.13）所示。

$$N_h(h) \approx k_1 \frac{P}{T} = N_{h0}\left(1 + \frac{\beta \cdot h}{T_s}\right)^\eta \quad (1.13)$$

式中：β 为温度随高度的衰减梯度；$\eta = -1 - \dfrac{g}{R_d \beta}$；$g$ 为当地的重力加速度。

在通用 Hopfield 模型中，取 $g = 9.806 \text{m/s}^2$、$\beta = -6.81 \text{K/km}$、$R_d = 0.287 \text{kJ/(kg} \cdot \text{K)}$，得 $\eta = -1 - \dfrac{g}{R_d \beta} = 4.02 \approx 4$。记 $H_h = -\dfrac{T_s}{\beta}$，即

$$N_h(h) = N_{hs}\left(1 - \frac{h}{H_h}\right)^4 \quad (1.14)$$

式中：H_h 为静力平衡空气有效高度（km）。如果取地面海拔高度 h_0 处的折射率为初始值，$N_h(h)$ 则变为

$$N_h(h) = N_{h0} \left(\frac{H_h - h}{H_h - h_0} \right)^4 \tag{1.15}$$

Hopfield 模型湿项形式上与静力项类似，湿项的有效高度 H_w 一般取 11km，得湿项模型如下。

$$N_w(h) = N_{ws} \left(1 - \frac{h}{H_w} \right)^4 \tag{1.16}$$

如果从地面海拔高度 h_0 算起，则：

$$N_w(h) = N_{w0} \left(\frac{H_w - h}{H_w - h_0} \right)^4 \tag{1.17}$$

1.2.3 线性模型

线性模型只适用于从地面至离地面 1km 的高度范围，由于适用范围仅在近地面 1km 以内，因此有很大局限性，其形式如式（1.18）所示。

$$N(h) = N_0 + \Delta N \times (h - h_0) \tag{1.18}$$

式中：N_0 为地面折射率（N）；h_0 为地面海拔高度（km）；ΔN 为近地面 1km 折射率负梯度（1/km）。

1.2.4 指数模型

指数模型通过对大量对流层大气折射指数实测数据的统计分析，将大气折射率近似为指数模型进行计算，其形式如式（1.19）所示。

$$N(h) = N_0 \exp[-c_e(h - h_0)] \tag{1.19}$$

式中：c_e 为指数衰减率（1/km）。《中华人民共和国国家军用标准》GJB 1655-93 中给出了我国不同月份 c_e 的统计等值线图，全国的年平均值为 0.1404。

1.2.5 双指数模型

双指数模型与 Hopfield 模型类似，同样把折射率分为干项和湿项形式进行计算，认为干湿两项折射率均近似随高度增加按负指数形式衰减，分别用两个指数来表示，即

$$N(h) = N_{h0} \exp\left(-\frac{h - h_0}{H_d} \right) + N_{w0} \exp\left(-\frac{h - h_0}{H_w} \right) \tag{1.20}$$

式中：H_d、H_w 分别为干项和湿项的特征高度（km），特征高度定义为干、湿两项分别衰减到地面值 1/e 时的高度。

1.3 对流层电波传播效应

1.3.1 大气的聚焦和散焦效应

受大气的影响天线波束内不同仰角的电波折射程度不同,导致天线波束变宽或变窄,从而导致天线增益的改变,并影响信号的接收电平,但这一影响在仰角大于3°时可以忽略不计。式(1.21)可以用于计算大气的聚焦和散焦损耗或增益。

$$b = \pm \lg B \tag{1.21}$$

式中:b 为相对于自由空间传播波的信号电平变化(dB),如果发射站位于地球表面附近,则公式中的符号为负"-",当卫星为发射源时,则其为正"+"。

$$B = 1 - \frac{0.5411 + 0.0744\theta_0 + h(0.06272 + 0.0276\theta_0 + 0.08288h^2)}{[1.728 + 0.5411\theta_0 + 0.0372\theta_0^2 + h(0.1815 + 0.06272\theta_0 + 0.0138\theta_0^2) + h^2(0.01727 + 0.00828\theta_0)]^2} \tag{1.22}$$

式中:θ_0 为收发端之间的仰角(°),且 $\theta_0 < 10°$;h 为靠近地面的发射站或接收站海拔高度($h < 3$km)。

1.3.2 大气吸收衰减

在电磁波的作用下气体分子从一种能级状态跃迁到另一种能级状态,此时,气体分子便吸收电波的能量,导致无线电波信号强度的衰减。对流层中的氧气和水汽是无线电波的主要吸收体,其导致的大气吸收衰减通常随频率而增高,并伴有大量谐振吸收频率。在350GHz 以下频段,氧气在大约60GHz 附近具有一系列的吸收谱线,形成氧气吸收带,并在118.74GHz 有孤立的吸收线。水汽吸收线位于22.3GHz、183.3GHz 和323.8GHz。大气吸收具有压力展宽效应,即大气吸收的谱线宽度随气压的增加而展宽,当地面标准大气压强值为1013mb 时,吸收谱线的宽度为1~3MHz,而当高度为30千米的高空时,大气压强仅为13mb 左右,此时吸收谱线的宽度显著减小到几十 kHz。在50~70GHz 频带内存在数十条氧气吸收谱线,由于大气压强随海拔高度的升高而减小,因此,在近地面时,吸收谱线的宽度远大于吸收谱线的间隔,吸收谱线宽度相互重叠,形成连续的氧气吸收带。而在高空时,由于吸收谱线的宽度远小于吸收谱线的间隔,此时在低空连续的氧气吸收带变为许多独立的吸收谱线。

1. 大气衰减率的逐线积分计算方法

大气衰减可通过逐线累加氧气和水汽的谐振吸收谱线，并考虑10GHz以下氧气的非谐振Debye（德拜）吸收谱、100GHz以上由大气压力造成的氮气衰减，以及实验中发现的附加连续水汽吸收，利用大气温度、湿度和压力参数可精确计算大气衰减率（特征衰减），大气衰减率 γ 的计算方法如式（1.23）所示。

$$\gamma = \gamma_o + \gamma_w = 0.1820 f N''(f) \quad (\text{dB/km}) \tag{1.23}$$

式中：γ_o 为干空气的衰减率（dB/km）；γ_w 为水汽的衰减率（dB/km）；f 为频率（GHz）；$N''(f)$ 为与频率相关的复折射指数虚部。

$$N''(f) = \sum_i S_i F_i + N_D''(f) \tag{1.24}$$

式中：S_i 为第 i 条吸收线的强度；F_i 为吸收谱线形状因子，式（1.24）是对所有谱线求和；$N_D''(f)$ 为包括大气压力造成的氮气吸收和德拜吸收谱的连续吸收谱对折射指数虚部的贡献。

$$S_i = \begin{cases} a_1 \times 10^{-7} P (300/T)^3 \exp[a_2(1-300/T)], & \text{氧气} \\ b_1 \times 10^{-1} e (300/T)^{3.5} \exp[b_2(1-300/T)], & \text{水汽} \end{cases} \tag{1.25}$$

式中：P 为干燥空气压力（hPa）；e 为水汽压力（hPa），总大气压力 $P_{tot} = P + e$；T 为温度（K）。水汽压力 e 可通过水汽密度 ρ 计算得到。

$$e = \frac{\rho T}{216.7} \tag{1.26}$$

在计算大气衰减率时，应尽可能使用当地实测的 P、e 和 T 的剖面数据，在缺少当地的测量资料时，可采用参考标准大气数据。

吸收谱线形状因子 F_i 为

$$F_i = \frac{f}{f_i} \left[\frac{\Delta f - \delta(f_i - f)}{(f_i - f)^2 + \Delta f^2} + \frac{\Delta f - \delta(f_i + f)}{(f_i + f)^2 + \Delta f^2} \right] \tag{1.27}$$

式中：f_i 为吸收谱线的频率；Δf 为吸收谱线的宽度。

$$\Delta f = \begin{cases} a_3 \times 10^{-4} (p \theta^{(0.8-a_4)} + 1.1 e \theta), & \text{氧气} \\ b_3 \times 10^{-4} (p \theta^{b_4} + b_5 e \theta^{b_6}), & \text{水汽} \end{cases} \tag{1.28}$$

由于多普勒展宽效应，谱线宽度 Δf 需进一步修正为

$$\Delta f = \begin{cases} \sqrt{\Delta f^2 + 2.25 \times 10^{-6}}, & \text{氧气} \\ 0.535 \Delta f + \sqrt{0.217 \Delta f^2 + \dfrac{2.1316 \times 10^{-12} f_i^2}{\theta}}, & \text{水汽} \end{cases} \tag{1.29}$$

$$\delta = \begin{cases} (a_5 + a_6 \theta) \times 10^{-4} (p+e) \theta^{0.8}, & \text{氧气} \\ 0, & \text{水汽} \end{cases} \tag{1.30}$$

表 1-2 给出了氧气衰减的谱线数据。

表 1-2 氧气衰减的谱线数据

f_0	a_1	a_2	a_3	a_4	a_5	a_6
50.474214	0.975	9.651	6.690	0.0	2.566	6.850
50.987745	2.529	8.653	7.170	0.0	2.246	6.800
51.503360	6.193	7.709	7.640	0.0	1.947	6.729
52.021429	14.320	6.819	8.110	0.0	1.667	6.640
52.542418	31.240	5.983	8.580	0.0	1.388	6.526
53.066934	64.290	5.201	9.060	0.0	1.349	6.206
53.595775	124.600	4.474	9.550	0.0	2.227	5.085
54.130025	227.300	3.800	9.960	0.0	3.170	3.750
54.671180	389.700	3.182	10.370	0.0	3.558	2.654
55.221384	627.100	2.618	10.890	0.0	2.560	2.952
55.783815	945.300	2.109	11.340	0.0	-1.172	6.135
56.264774	543.400	0.014	17.030	0.0	3.525	-0.978
56.363399	1331.800	1.654	11.890	0.0	-2.378	6.547
56.968211	1746.600	1.255	12.230	0.0	-3.545	6.451
57.612486	2120.100	0.910	12.620	0.0	-5.416	6.056
58.323877	2363.700	0.621	12.950	0.0	-1.932	0.436
58.446588	1442.100	0.083	14.910	0.0	6.768	-1.273
59.164204	2379.900	0.387	13.530	0.0	-6.561	2.309
59.590983	2090.700	0.207	14.080	0.0	6.957	-0.776
60.306056	2103.400	0.207	14.150	0.0	-6.395	0.699
60.434778	2438.000	0.386	13.390	0.0	6.342	-2.825
61.150562	2479.500	0.621	12.920	0.0	1.014	-0.584
61.800158	2275.900	0.910	12.630	0.0	5.014	-6.619
62.411220	1915.400	1.255	12.170	0.0	3.029	-6.759

续表

f_0	a_1	a_2	a_3	a_4	a_5	a_6
62.486253	1503.000	0.083	15.130	0.0	-4.499	0.844
62.997984	1490.200	1.654	11.740	0.0	1.856	-6.675
63.568526	1078.000	2.108	11.340	0.0	0.658	-6.139
64.127775	728.700	2.617	10.880	0.0	-3.036	-2.895
64.678910	461.300	3.181	10.380	0.0	-3.968	-2.590
65.224078	274.000	3.800	9.960	0.0	-3.528	-3.680
65.764779	153.000	4.473	9.550	0.0	-2.548	-5.002
66.302096	80.400	5.200	9.060	0.0	-1.660	-6.091
66.836834	39.800	5.982	8.580	0.0	-1.680	-6.393
67.369601	18.560	6.818	8.110	0.0	-1.956	-6.475
67.900868	8.172	7.708	7.640	0.0	-2.216	-6.545
68.431006	3.397	8.652	7.170	0.0	-2.492	-6.600
68.960312	1.334	9.650	6.690	0.0	-2.773	-6.650
118.750334	940.300	0.010	16.640	0.0	-0.439	0.079
368.498246	67.400	0.048	16.400	0.0	0.0	0.0
424.763020	637.700	0.044	16.400	0.0	0.000	0.000
487.249273	237.400	0.049	16.000	0.0	0.000	0.000
715.392902	98.100	0.145	16.000	0.0	0.000	0.000
773.839490	572.300	0.141	16.200	0.0	0.000	0.000
834.145546	183.100	0.145	14.700	0.0	0.000	0.000

表1-3给出了水汽衰减的谱线数据。

表1-3 水汽衰减的谱线数据

f_0	b_1	b_2	b_3	b_4	b_5	b_6
22.235080	0.1130	2.143	28.11	0.69	4.800	1.00
67.803960	0.0012	8.735	28.58	0.69	4.930	0.82

续表

f_0	b_1	b_2	b_3	b_4	b_5	b_6
119.995940	0.0008	8.356	29.48	0.70	4.780	0.79
183.310091	2.4200	0.668	30.50	0.64	5.300	0.85
321.225644	0.0483	6.181	23.03	0.67	4.690	0.54
325.152919	1.4990	1.540	27.83	0.68	4.850	0.74
336.222601	0.0011	9.829	26.93	0.69	4.740	0.61
380.197372	11.5200	1.048	28.73	0.54	5.380	0.89
390.134508	0.0046	7.350	21.52	0.63	4.810	0.55
437.346667	0.0650	5.050	18.45	0.60	4.230	0.48
439.150812	0.9218	3.596	21.00	0.63	4.290	0.52
443.018295	0.1976	5.050	18.60	0.60	4.230	0.50
448.001075	10.3200	1.405	26.32	0.66	4.840	0.67
470.888947	0.3297	3.599	21.52	0.66	4.570	0.65
474.689127	1.2620	2.381	23.55	0.65	4.650	0.64
488.491133	0.2520	2.853	26.02	0.69	5.040	0.72
503.568532	0.0390	6.733	16.12	0.61	3.980	0.43
504.482692	0.0130	6.733	16.12	0.61	4.010	0.45
547.676440	9.7010	0.114	26.00	0.70	4.500	1.00
552.020960	14.7700	0.114	26.00	0.70	4.500	1.00
556.936002	487.4000	0.159	32.10	0.69	4.110	1.00
620.700807	5.0120	2.200	24.38	0.71	4.680	0.68
645.866155	0.0713	8.580	18.00	0.60	4.000	0.50
658.005280	0.3022	7.820	32.10	0.69	4.140	1.00
752.033227	239.6000	0.396	30.60	0.68	4.090	0.84
841.053973	0.0140	8.180	15.90	0.33	5.760	0.45

续表

f_0	b_1	b_2	b_3	b_4	b_5	b_6
859.962313	0.1472	7.989	30.60	0.68	4.090	0.84
899.306675	0.0605	7.917	29.85	0.68	4.530	0.90
902.616173	0.0426	8.432	28.65	0.70	5.100	0.95
899.306675	0.0605	7.917	29.85	0.68	4.530	0.90
902.616173	0.0426	8.432	28.65	0.70	5.100	0.95
906.207325	0.1876	5.111	24.08	0.70	4.700	0.53
916.171582	8.3400	1.442	26.70	0.70	4.780	0.78
923.118427	0.0869	10.220	29.00	0.70	5.000	0.80
970.315022	8.9720	1.920	25.50	0.64	4.940	0.67
987.926764	132.1000	0.258	29.85	0.68	4.550	0.90
1780.0000	22300.00	0.952	176.20	0.50	30.500	5.00

由大气压力造成的氮气吸收和德拜吸收形成的干空气连续吸收 $N''_D(f)$ 为

$$N''_D(f) = fp\theta^2 \left[\frac{6.14 \times 10^{-5}}{d\left[1+\left(\frac{f}{d}\right)^2\right]} + \frac{1.4 \times 10^{-12} p\theta^{1.5}}{1+1.9 \times 10^{-5} f^{1.5}} \right] \quad (1.31)$$

式中：d 为德拜吸收谱中的宽度系数。

$$d = 5.6 \times 10^{-4} p\theta^{0.8} \quad (1.32)$$

2. 地空斜路径大气衰减的积分计算方法

电磁波信号穿越大气层的过程中，在不同高度上大气衰减率不同。通过对上述逐线积分方法得到的大气衰减率进行路径积分，可得到电波穿越大气层斜路径总的大气衰减。当站点海拔高度为 h，仰角为 θ 时，地空链路斜路径大气衰减 $A(h,\theta)$ 的计算如式（1.33）所示。

$$A(h,\theta) = \int_h^{\infty} \frac{\gamma(H)}{\sin\theta} dH \quad (1.33)$$

图 1-18 给出了天顶方向标准大气和干空气衰减，频率间隔为 1GHz，垂直积分步长为 1km。

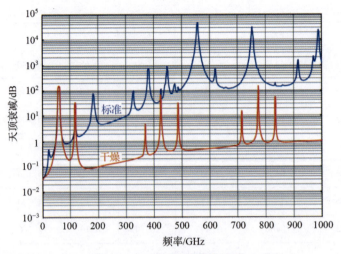

图 1-18 天顶方向大气衰减

在实际工程应用中,可以采用数值算法替代积分公式计算斜路径大气衰减,此时将地球大气按不同厚度进行分层,并考虑每一层大气折射导致的射线弯曲。如图 1-19 所示:a_n 为电波在第 n 层内穿越的长度,δ_n 为第 n 层的厚度,n_n 为第 n 层的折射率,r_n 为从地球中心到第 n 层底部的距离,α_n 和 β_n 为第 n 的入射和出射角。

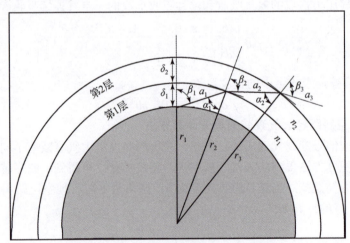

图 1-19 大气衰减计算的分层示意图

路径上大气衰减计算如式(1.34)所示。

$$A_{\text{gas}} = \sum_{n=1}^{k} a_n \gamma_n \tag{1.34}$$

式中：γ_n 为通过式（1.23）计算得到的第 n 层大气衰减率；k 为分层的层数。考虑大气垂直不均匀性与海拔高度的关系，第 n 层厚度 δ_n 计算如式（1.35）所示。

$$\delta_n = 0.0001 \exp\left(\frac{n-1}{100}\right) \quad (\text{km}) \tag{1.35}$$

由式（1.35）可知，越靠近地面分层越精细，第 1 层的厚度为 10cm。对于地空链路，建议一般情况下计算至海拔 30km，对于氧气吸收中心频率，则建议计算至海拔 100km。

a_n 计算如式（1.36）所示。

$$a_n = -r_n \cos\beta_n + \frac{1}{2}\sqrt{4r_n^2\cos^2\beta_n + 8r_n\delta_n + 4\delta_n^2} \tag{1.36}$$

α_n 计算如式（1.37）所示。

$$\alpha_n = \pi - \arccos\left(\frac{-a_n^2 - 2r_n\delta_n - \delta_n^2}{2a_n r_n + 2a_n\delta_n}\right) \tag{1.37}$$

β_n 计算如式（1.38）所示。

$$\beta_{n+1} = \arcsin\left(\frac{n_n}{n_{n+1}}\sin\alpha_n\right) \tag{1.38}$$

1.3.3　对流层闪烁和多径衰落

对流层折射指数随海拔高度有规律的减小会对无线电波产生折射效应，导致无线电波射线弯曲，而折射指数的小尺度不规则变化则会导致电波幅度和相位的快速起伏，即对流层闪烁效应。图 1-20 给出一次对流层闪烁事件的实测结果。对流层闪烁效应与系统工作频率和仰角关系密切。当仰角大于 5°，工作频率小于 10GHz 时，对流层闪烁对卫星系统的影响较小；但当仰角小于 5°，工作频率大于 10GHz 时，对流层闪烁会导致系统性能的严重恶化。

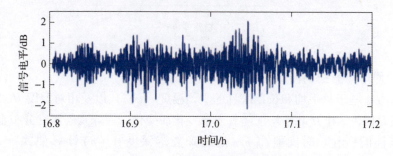

图 1-20　对流层闪烁实测结果

研究表明，对流层闪烁的幅度与大气折射指数变化的幅度和结构有关，与系统工作频率、电波穿过对流层长度以及天线波束宽度等成正比。大量实验数据表明，在中纬度地区，由于气象环境具有显著的季节变化，闪烁也具有明显的季节变化特征，强闪烁一般发生在夏季。闪烁也有明显的日变化特征，但日变化要小于季节变化。此外，闪烁起伏的月平均均方根与折射指数湿项有很好的相关性，折射指数湿项则取决于大气中的水汽含量。

低仰角的卫星星地链路闪烁衰落十分严重，其衰落具有与地面链路多径衰落相似的特征，并具有与地面链路相似的衰落深度分布，同时，低仰角卫星星地链路的衰落分布同样也与折射率梯度的统计特性有关。从衰落的整体分布来看，呈现出从大时间概率的闪烁衰落到小时间概率的多径衰落分布逐步过渡的特点。实际上大气折射效应导致的晴空衰落分布是波束扩展、闪烁和多径等效应的组合分布。国际电信联盟（ITU–R）分三种情形对对流层闪烁衰落进行预测。

（1）仰角大于5°的闪烁衰落预测；
（2）衰落深度大于25dB的闪烁衰落预测；
（3）过渡区间的闪烁衰落预测。

图1–21给出了ITU–R对流层闪烁衰落预测结果示例。

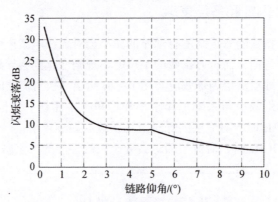

图1–21　ITU–R对流层闪烁衰落预测结果示例

3. 仰角大于5°的闪烁衰落预测

该方法基于月平均和长期统计的平均温度 t（℃）以及相对湿度 H 进行计算，正是因为 t 和 H 的平均值随着季节变化而变化，闪烁衰落深度分布也呈现出季节性的变化。时间概率 $p\%$ 的闪烁衰落深度 $A_s(p)$ 计算如式（1.39）所示。

$$A_s(p) = a(p) \cdot \sigma \tag{1.39}$$

式中：$a(p)$（$0.01\% < p\% \leq 50\%$）为时间概率因子。

$$a(p) = -0.061(\lg p)^3 + 0.072(\lg p)^2 - 1.71\lg p + 3.0 \tag{1.40}$$

σ 为信号的标准偏差。

$$\sigma = \sigma_{\text{ref}} f^{7/12} \frac{g(x)}{(\sin\theta)^{1.2}} \tag{1.41}$$

式中：f 为频率（GHz）；σ_{ref} 为信号幅度的标准偏差（dB）。

$$\sigma_{\text{ref}} = 3.6 \times 10^{-3} + 10^{-4} \times N_{\text{wet}} \tag{1.42}$$

式中：N_{wet} 为折射指数湿项。

$$N_{\text{wet}} = 3.732 \times 10^5 \frac{e}{T^2} \tag{1.43}$$

式（1.41）中，$g(x)$ 为天线平均因子：

$$g(x) = \sqrt{3.86(x^2+1)^{11/12} \cdot \sin\left[\frac{11}{6}\arctan\frac{1}{x}\right] - 7.08x^{5/6}} \tag{1.44}$$

$$x = 1.22 D_{\text{eff}}^2 (f/L) \tag{1.45}$$

式中：D_{eff} 为天线的有效直径（m）。

$$D_{\text{eff}} = \sqrt{\eta} D \quad (\text{m}) \tag{1.46}$$

式中：η 为天线效率，如果天线效率未知，可保守地取 $\eta = 0.5$；D 为地面站天线的物理直径（m）；L 为有效路径长度。

$$L = \frac{2h_L}{\sqrt{\sin^2\theta + 2.35 \times 10^{-4}} + \sin\theta} \quad (\text{m}) \tag{1.47}$$

式中：h_L 为湍流层高度，通常取 $h_L = 1000\text{m}$；θ 为路径仰角（°）。

4. 衰落深度大于25dB的闪烁衰落预测

衰落深度大于25dB的衰落是波束扩展、闪烁和多径等综合传播效应。视在仰角为 θ（mrad），工作频率为 f（GHz），$p\%$ 时间超过的衰落的年平均累计分布和最坏月累计分布可分别由式（1.48）~式（1.51）计算获得。

$$A_y(p) = 10\lg K_w - \nu + 9\lg f - 59.5\lg(1+\theta) - 10\lg p \tag{1.48}$$

$$A_m(p) = 10\lg K_w + 9\lg f - 55\lg(1+\theta) - 10\lg p \tag{1.49}$$

$$\nu = -1.8 - 5.6\lg(1.1 \pm |\cos 2\psi|^{0.7}) \tag{1.50}$$

$$K_w = p_L^{1.5} 10^{0.1(C_0 + C_{\text{Lat}})} \tag{1.51}$$

式（1.50）中：当纬度的绝对值 $|\psi| \leq 45°$ 时取"＋"号，当 $|\psi| > 45°$ 时取"－"号。式（1.51）中：P_L 为近地100米处折射指数梯度小于 -100 N 单位/km 的最坏月发生概率；C_0 的取值见表 1-4；纬度系数 C_{Lat} 计算如式（1.52）所示。

$$C_{Lat} = \begin{cases} 0, & \psi \leqslant 53°N \text{ 或 } S \\ -53 + \psi, & 53°N \text{ 或 } S \leqslant \psi \leqslant 60°N \text{ 或 } S \\ 7, & 60°N \text{ 或 } S < \psi \end{cases} \quad (1.52)$$

表 1-4 不同传播路径类型下 C_0 的取值

路径类型	C_0
传播路径完全位于陆地,且地面站天线高度在海拔 700m 以下	76
地球站天线高度在海拔 700m 以上	70
传播路径位于或部分位于水面(含靠近水面沿岸区域)上空,r 指经过水面或近水面沿岸地区路径占整个传播路径的百分比,但水面不包括穿过河流和小的湖泊	$76 + 6r$

上述预测方法适用的频率和仰角范围分别为 $1 \sim 45\text{GHz}$ 和 $0.5° \sim 5°$。

5. 过渡区间的闪烁衰落预测

利用立方指数模型进行内插,获得闪烁衰落深度小于 25dB 且自由空间仰角小于 5° 的过渡区间闪烁衰落 $A(p)$ 预测如式 (1.53) 所示。

$$A(p) = A_1 \exp[\alpha(p)(\theta - \theta_1) + \beta(p)(\theta - \theta_1)^2 + \gamma(p)(\theta - \theta_1)^2(\theta - \theta_2)] \quad (1.53)$$

$$\alpha(p) = \frac{A_1'}{A_1} \quad (1.54)$$

$$\beta(p) = \frac{\ln\left(\frac{A_2}{A_1}\right) - \alpha\delta}{\delta^2} \quad (1.55)$$

$$\gamma(p) = \frac{A_2' - A_2(\alpha + 2\beta\delta)}{A_2 \delta^2} \quad (1.56)$$

$$\delta = \theta_2 - \theta_1 \quad (1.57)$$

式中:p 为时间概率 (%);θ_1 为衰落深度 $A_1 = 25$ (dB) 时对应的视在仰角,其计算如式 (1.58) 所示 (ν 和 K_w 分别见式 (1.50) 和式 (1.51))。

$$\theta_1 = \begin{cases} \left(\dfrac{K_w f^{0.9}}{p 10^{\frac{A_1}{10}}}\right)^{\frac{1}{5.5}} - 1, & \text{最坏月} \\ \left(\dfrac{K_w 10^{-\frac{\nu}{10}} f^{0.9}}{p 10^{\frac{A_1}{10}}}\right)^{\frac{1}{5.95}} - 1, & \text{年平均} \end{cases} \quad (1.58)$$

θ_2 (mrad) 为自由空间仰角为 5° 时考虑折射效应的视在仰角;A_2 为自由空

间仰角为 5°时的闪烁衰落，由式（1.39）计算；A'_1 计算如式（1.59）所示。

$$A'_1 = \begin{cases} -\dfrac{55}{1+\theta_1}\lg e, & \text{最坏月} \\ -\dfrac{59.5}{1+\theta_1}\lg e, & \text{年平均} \end{cases} \quad \text{(dB/mrad)} \quad (1.59)$$

A'_2 计算如式（1.60）所示。

$$A'_2 = A_2 \times \left[\frac{g'(x)}{g(x)}\frac{\mathrm{d}x}{\mathrm{d}\theta} - \frac{1.2}{\tan(\theta)}\right] \times \frac{1}{1000} \quad \text{(dB/mrad)} \quad (1.60)$$

$$\frac{g'(x)}{g(x)} = \frac{1770(x^2+1) + 2123 x^{\frac{1}{6}}(x^2+1)^{\frac{11}{12}}[\cos\zeta - x\sin\zeta]}{12x^{\frac{1}{6}}(x^2+1)[354 x^{\frac{5}{6}} - 193(x^2+1)^{\frac{11}{12}}\sin\zeta]} \quad (1.61)$$

$$\frac{\mathrm{d}x}{\mathrm{d}\theta} = \frac{1.22 D_{\text{eff}}^2 f}{2 h_L}\left[\frac{\sin\theta}{\sqrt{\sin^2\theta + 2.35 \times 10^{-4}}} + 1\right]\cos\theta \quad (1.62)$$

$$\zeta = \frac{11}{6}\arctan\frac{1}{x} \quad (1.63)$$

该预测方法适用于过渡区的视在仰角（例如 $\theta_1 \leqslant \theta \leqslant \theta_2$）以及 $0 \leqslant p\% \leqslant 50\%$ 的情况。

1.3.4 对流层延迟

电磁波的大气折射效应与通过介质的折射指数 n 密切相关。真空中的折射指数 $n=1$，无线电波以光速传播，但在实际大气中的折射指数不等于 1，它使真空折射指数仅偏离不到千分之一，却对无线电波的传播产生重大影响。地－空通信链路中的无线电波传播的大气效应包括中性大气（主要是密度大、气象变化过程复杂的对流层效应）与电离层两种特性极不相同的媒质影响。由于折射指数 n 的非均匀空间分布，电磁波射线的传播路径会发生弯曲，传播速度会小于真空中光速，而雷达在探测目标时认为电波以光速沿直线传播，所测得的目标位置和参数并非目标的真实参量，而是视在参量，从而导致距离、仰角等折射误差和传播时延，图 1－22 为电波传播的大气折射效应示意图。

对于非色散介质，微波段的对流层折射率与频率无关。电磁波在真空中传播的速率为固定值 c，在介质中传播的速率为 $v = c/n$，n 为介质折射率。由于对流层的折射指数 $n > 1$，故电磁波在其中传播时速率会降低，因而相比真空传播产生了时间延迟。设电磁波在对流层中的传播时间为 τ_0，真实路径长度为 L_0，则对流层延迟 ΔL 如式（1.64）所示。

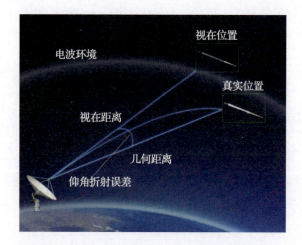

图 1-22 电波传播的大气折射效应示意图

$$\Delta L = c\tau_0 - L_0 = \int_s (n-1)\mathrm{d}s \tag{1.64}$$

图 1-23、图 1-24 分别给出了对流层内不同仰角电磁波随高度的距离误差、仰角误差变化曲线。

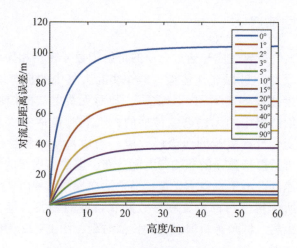

图 1-23 对流层距离误差随高度的变化

可以看出，折射误差随高度的增加迅速增大，到 30km 以上变化逐渐减小，尤其是距离误差，这是由于折射指数在 30km 以上几乎为 1，变化很小，导致高度较高时折射效应减弱。其中，低仰角的距离误差可达 100m 左右，仰角误差可达近 10mrad，而在 90°的天顶方向，折射误差几乎为零。

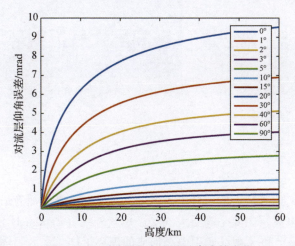

图1-24 对流层仰角误差随高度的变化

参考资料

[1] ITU-R Recommendation P.618-12. Propagation data and prediction methods required for the design of Earth-space telecommunication systems [S]. Geneva. ITU-R, 2015.
[2] ITU-R Recommendation P.676-11. Attenuation by atmospheric gases [S]. Geneva. ITU-R, 2016.
[3] ITU-R Recommendation P.835-6. Reference standard atmospheres [S], Geneva. ITU-R, 2017.
[4] ITU-R Recommendation P.453-14. The radio refractive index: its formula and refractivity data [S]. Geneva. ITU-R, 2019.
[5] ITU-R Recommendation P.617-5. Propagation prediction techniques and data required for the design of transhorizon radio relay systems [S], Geneva. ITU-R, 2019.
[6] 谢益溪. 电波传播：超短波、微波、毫米波 [M]. 北京：电子工业出版社，1990.
[7] GJB 1655-1993. 对流层电波折射修正大气模式 [S]. 北京：中国电子工业总公司，1993.
[8] GJB/Z 87-1997. 雷达电波传播折射与衰减手册 [S]. 北京：电子工业部，1997.
[9] 熊皓. 无线电波传播 [M]. 北京：电子工业出版社，2000.
[10] 陈祥明. 大气折射率剖面模型与电波折射误差修正方法研究 [D]. 青岛：中国海洋大学，2008.

第 2 章 电离层大气折射环境

电离层是离地表最近的大气电离区域，也是对人类生活有最直接影响的大气电离区域。电离层主要是高层大气受极短紫外线（Extremely Short Ultraviolet Radiation，EUV）和 X 射线辐射电离形成的等离子体，受太阳辐射的影响，电离层大气部分或完全处于电离状态，尽管电离层中含有大量的自由电子和正离子，但它们浓度相等使电离层呈现电中性的特征，虽然电离层中带电粒子的含量远小于中性气体（约占总量的 1% 或更小），但这些带电粒子却是影响电离层特性的重要因素。不同频率的无线电波在该区域的折射误差差别较大，其对 VLF 波以及微波各波段的无线电传播有强烈影响，特别对短波传播的影响而言尤为显著。

2.1 电离层大气环境参量

电离层大气环境参量是指能够表征电离层状态及变化的基本参量，本书关注的重点主要集中在无线电波折射环境探测和折射误差修正相关的参量上，这些基本的参量分为两类，一类是与无线电波折射环境参数密切相关的特征参量，包括电离层电子密度、总电子含量（TEC）、F_2 层临界频率（f_0F_2）等，另一类是与无线电波折射误差修正相关的折射参量。这些参量与无线电波在传播过程中出现的延迟、折射、反射、法拉第旋转、吸收等效应存在密切的关联性。

2.1.1 电离层影响因素

电离层与磁层和对流层（本书将平流层划归到对流层）有着密切的耦合和相互作用联系。电离层上方磁层由稀薄的带电粒子组成形成广袤空间，主要受地球磁场控制；电离层下方对流层则是由不带电的中性成分和微粒组成，主要受地球重力场控制。电离层同时含有中性成分和带电粒子，因此地球的重力场和磁场均对电离层有控制作用，电离层通过复杂的化学、动力学和电动力学过程与大气层和磁层以及相应高度上的背景热层大气紧密地耦合在一起。同时太阳活动对电离层具有重要影响，表现为电离层随太阳活动具有明显的年变化、季节变化和日变化等周期特征。此外，剧烈的台风、雷暴、地震等气象地质灾害也可对电离层造成局部小范围影响。

1. 太阳活动

太阳的能量辐射和电离层区的各种动力学过程密不可分。首先，太阳对地球大气的辐射作用是电离层形成的重要基础，太阳辐射变化能够对全球电离层的变化产生全局的影响，从而强烈控制电离层的变化行为。大量的研究表明，电离层存在的日变化、27天变化、季节变化、年变化以及11年周期变化均与太阳存在直接的关联。除了正常的太阳周期变化，太阳上存在的扰动效应同样会对电离层产生显著的影响效应，其中就包括太阳耀斑、太阳黑子、日冕物质抛射等。

1）太阳耀斑

太阳耀斑是最剧烈的太阳爆发活动之一，其定义为在太阳表面局部区域急剧释放出电磁波和大量高能粒子，可持续几分钟到几小时。耀斑的辐射遍及整个电磁谱，从 γ 射线到 χ 射线，从可见光到千米波。耀斑爆发时产生的高能粒子，主要是电子和质子，也有粒子和较重的离子。耀斑的高能电磁和粒子辐射在地球空间产生强烈的地球物理效应，主要有软 χ 射线爆发引起的电离层突然骚扰和地磁效应，耀斑激波引起的行星际激波造成地磁暴。当耀斑爆发时，发出大量的高能粒子到达地球轨道附近时，将会严重危及宇宙飞行器内的宇航员和仪器的安全。当耀斑辐射来到地球附近时，与大气分子发生剧烈碰撞破坏电离层，使它失去反射无线电电波的功能，影响地球的广播通信及无线导航系统。

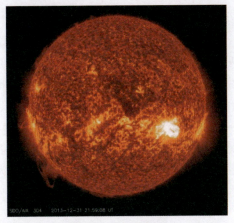

图 2-1　太阳耀斑

2) 太阳黑子

太阳黑子是太阳表面上的阴暗区域,存在于太阳光球表面,是太阳光球表面十分重要的一种可见光学现象,是磁场的聚集之处,一般成群出现。太阳黑子与周围光球相比温度低呈现黑色,内部黑色区域称为"暗影",周围灰色区域称为"半影",如图2-2所示。由于太阳内部磁场发生变化,太阳黑子的数量并不是固定的,通常用太阳黑子的多少作为太阳活动的指标(近些年为满足更多用途被更易估量的"10.7cm射电流量"所取代),是描述太阳活动最有影响和效果的物理参量。太阳黑子数可以每天测量,受太阳内部磁场影响太阳黑子数会上下波动,每隔一段时间会从少量的太阳黑子数达到一个峰值点,总过程平均时间约为11年形成一个太阳黑子周期。

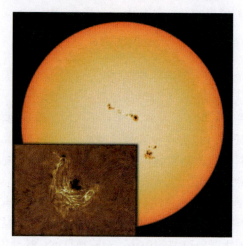

图2-2 太阳黑子

3) 日冕物质抛射

日冕物质抛射(Coronal Mass Ejection, CME)是大尺度等离子体物质结构瞬时向外抛射,进入行星际空间并引起太阳风扰动的一种太阳爆发现象。一次日冕物质抛射可以携带10亿吨的物质并加速到数百万千米/小时,其2h内的能量可以提供美国10万年的电力。当它们与行星际的磁层相遇时,会使磁层产生强烈的扰动。一般在太阳活动高年,太阳每天产生3~4次CME,而在太阳活动低年,大约每5天产生一次CME。日冕物质抛射有时伴随耀斑发生,但两种通常单独发生,具有强烈的地球物理效应,是造成灾害性空间天气的主要因素之一。

2. 地磁活动

地球磁层是太阳风和近地空间的过渡区,太阳风不停地向磁层输送能量,

第 2 章　电离层大气折射环境

图 2-3　日冕物质抛射

经过在磁层内的转换和传输，进而通过与电离层、热层的耦合来影响近地环境。地磁活动对电离层的影响主要表现为对带电粒子运动的控制作用，因此地磁同样是影响电离层活动的重要影响来源之一。在平静的地磁条件下，地磁对电离层的控制最为明显的标志即赤道异常，也称为地磁异常或 Appleton 异常，其基本表现是磁赤道南北两侧出现的电离层峰值电子密度极大的现象，而在磁赤道区，则表现为同等高度电子密度和峰值电子密度存在极小值，这些峰结构明显与磁力线相依赖，因此它们通常按照特定的磁力线排列；这个现象可以解释为白天发电机东向电场和地磁的 E×B 漂移作用加上等离子体向下扩散而形成的，由此可见地磁对电离层的影响作用。利用 NeQuick 模型，分别计算在太阳活动低年（2016 年）和高年（2023 年）13：00LT，我国及周边地区电离层垂直总电子含量（Vertical Total Electron Content，VTEC）分布，如图 2-4 所示。可看出，电离层 VTEC 在赤道两侧较大，赤道上空相对较小，呈现双驼峰结构。

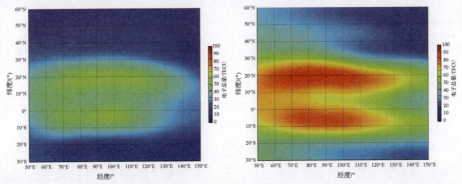

图 2-4　中国及周边地区太阳活动低（2016 年，左）、高（2023 年，右）年赤道异常现象

除平静地磁条件下,地磁场具有各种形式的变化,这些变化统称为地磁活动,地磁活动主要包括磁层亚暴和磁暴,磁层亚暴和磁暴发生期间,电离层的异常变化也同样十分明显。下面分别介绍磁层亚暴和磁暴两种主要地磁活动。

1)磁层亚暴

磁层亚暴(简称"亚暴")是发生于地球磁层的一种强烈扰动,每天发生约3至4次,每次释放能量相当于一次中等地震能量,持续时间为1~2h。亚暴是地球空间最重要的能量输入、耦合和耗散过程,其主要扰动区域包括整个磁尾、等离子体片和极光带附近的电离层,亚暴发生在行星际磁场南向时,有时单个发生,但更经常的是一个接一个连续发生。在地磁活动高年亚暴发生非常频繁,在活动低年亚暴也经常发生,对地球空间有着广泛和重要的影响。

2)磁暴

磁暴是指地球磁层磁场方向和强度持续十几至几十小时的相对较大波动,主要表现为中低纬度地磁台站水平分量的显著减小。根据磁暴发生时磁场水平分量变化缓急,分为突发性磁暴和缓发性磁暴两种类型。突发性磁暴指磁场水平分量发生骤然上升,紧跟着伴随较大尺度的全面快速下降,多由太阳耀斑或者消失的细丝产生的激(震)波到达地球所导致;缓发性磁暴表现为磁场水平分量缓慢连续发作的过程,通常由源自日冕洞的高速流造成。伴随着磁暴事件发生,全球范围内的电离层均会产生明显的扰动效应,其主要表现为电离层特征参量,如 f_0F_2、N_mF_2、TEC 等参量相比磁平静期出现明显的升高(即正相暴)和下降(负相暴)的变化,表2-1给出了磁暴等级划分。

表2-1 磁暴等级

等级	指标范围
大磁暴	$Dst < -200nT$
强磁暴	$-200nT < Dst < -100nT$
中等磁暴	$-100nT < Dst < -50nT$
弱磁暴	$-50nT < Dst < -30nT$

3. 极端灾害及气候

台风、雷暴、地震等作为极端气象地质灾害代表,也会对局部电离层产生影响。地震作为最大的自然灾害之一,给人类带来了很多毁灭性的灾难,以地震极端地质灾害为例简述其对电离层影响。

地震是能量从累积到爆发的一个过程,地震发生前和发生过程中岩石相互挤压作用,会引起气体释放、地下水活动、热活动以及低频电磁辐射等现象,进而引起电离层扰动异常。地震对电离层扰动异常影响途径主要包括电磁学途径、化学途径以及声学途径:电磁学途径是指震前产生的低频电磁辐射进入磁层,与磁层高能粒子发生共振,导致高能粒子沉降进入低层电离层,进而引起电离层等离子体密度改变;化学途径是指震中附近气体的释放使地球表面大气化学参数发生变化,导致气体成分或者气体电导率的变化,进而形成局部异常电场,引起电离层等离子体密度变化;声学途径是指震前板块的变化引起像"活塞"似驱动的大气震动,产生声重波等,引起电离层行进式扰动,进而改变电离层等离子体密度。图 2-5 给出了 2012 年 10 月 28 日海达瓜依 7.8 级地震期间电离层 TEC 扰动变化。

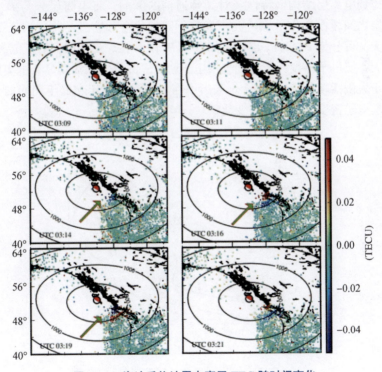

图 2-5 海达瓜依地震电离层 TEC 随时间变化

2.1.2 特征参量

1. 电离层电子密度

在电离层的特征参量中,电离层 TEC 和临界频率均可以通过电子密度剖面计算得到,因此电离层电子密度的获取是电离层探测最为重要的目的之一。电离层电子密度剖面其实指的是电子密度随高度的分布。在电离层研究过程中,表征电子密度特征变化的需要分层高度上的电离层峰值密度 N_mE、N_mF_1、N_mF_2、峰值高度 h_mE、h_mF_1、h_mF_2 以及半厚度 B_mE、B_mF_1、B_mF_2 等信息。由于 F_2 层电子密度在整个电子密度剖面中所占的比重最大,因此 N_mF_2 和 h_mF_2 这两个参量通常用于验证各类技术手段获取的电离层电子密度的精度。

利用这些参数,结合相应的函数即可描述电子密度剖面,例如 NeQuick 模型采用半 Epstein 函数描述电子密度剖面。

$$Ne_{\text{Epstein}}(h) = \frac{4N_m}{\left(1 + \exp\left(\frac{h - h_m}{B_m}\right)\right)^2} \exp\left(\frac{h - h_m}{B_m}\right) \quad (2.1)$$

考虑到电离层结构、特性及对高频通信的影响,将电离层分为 D、E、F 层,各层之间缓慢变化平稳过渡,有着不同的化学和物理特性。对于 F 层而言,白天又可分为 F_1 和 F_2 层,夜间只有 F_2 层存在。受太阳辐射及电离影响,通常白天各层电子密度大于夜间各层电子密度,并且太阳活动高年电离层电子密度大于太阳活动低年。图 2-6 给出了在太阳活动高年和低年期间白天、夜间电离层电子密度随高边分层变化。

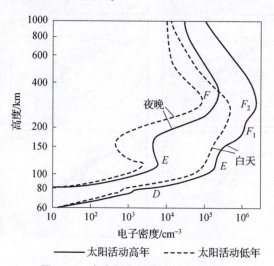

图 2-6 电离层电子密度的分层结构

D 层:高度范围约为 60~80km,电子密度约为 $10^8 \sim 10^{10}$ e/cm³。主要电离源是宇宙线、太阳 X 射线和 Lyman-α 射线,电离度较低,保留着中性大气成分的特性,D 层在夜间会消失。

E 层：高度范围约为 80~150km，电子密度约为 10^9 ~ $10^{11} e/cm^3$。通常情况下，电子密度峰值在 110km 附近，所在高度结构比较稳定，主要电离源是 EUV 和太阳 X 射线。

F_1 层：高度范围约为 150~200km，电子密度约为 $10^{11} e/cm^3$。主要电离源是极短紫外线，F_1 层在夜间会消失，其日变化较大。

F_2 层：高度范围约为 200~500km，电子密度约为 10^{11} ~ $10^{12} e/cm^3$。主要电离源是极短紫外线，其峰值电子密度通常也是整个电离层的电子密度最大值，通常在 300~400km 之间变化。

顶部电离层：F_2 层最大电子密度所在高度至数千千米的区域统称为顶部电离层，在顶部电离层区域，电子密度缓慢递减。在 1000km 高度时，电子密度约为 10^{10} ~ $10^{12} e/cm^3$；在 2000~3000km 高度范围，电子密度约为 10^8 ~ $10^{11} e/cm^3$。

电离层各层电子密度不仅随年份、季节、昼夜变化明显，同时也随纬度、经度等地理位置变化。

图 2-7、图 2-8 分别给出了位于低纬度的海口地区在太阳活动低年（2016 年）和高年（2023 年）不同月份的电子密度剖面。可以看出，电子密度峰值在春秋季较大，冬季次之，夏季最小。

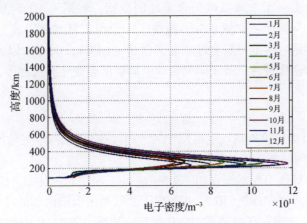

图 2-7　海口地区太阳活动低年的典型电子浓度剖面

2. 电离层总电子含量

总电子含量是指任意两个高度之间单位底面积柱体内所含电子数，其具体表达即为电子密度沿信号传播路径的积分，如式（2.2）所示。

$$N_T = \int_{h_L}^{h_T} N_e dh \tag{2.2}$$

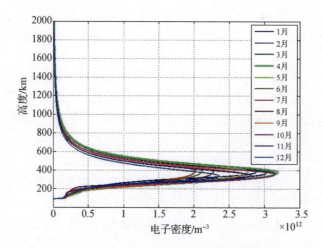

图 2-8 海口地区太阳活动高年的典型电子浓度剖面

式中：N_T 为总电子含量（e/m³）；h_L 为起始点积分高度（m）；h_T 为结束点积分高度（m）；N_e 为积分路径上的电子密度（e/m³）。应注意的是 N_e 并非为固定值，而是随时间和空间变化的。

除了直接利用总电子含量外，还有以电离层 TEC 为基础衍生出的其他特征参量。有学者利用全球总电子含量地图数据，将同一 UT 时刻下的电离层 TEC 按所在的网格面积加权积分，构造了一个可以从整体上衡量全球电离层电子总数的参量——电离层全球总电子含量（GEC），GEC 可以表征全球电离层的一些整体变化特性，适于研究全球电离层形态变化和过程等，具体计算如式 (2.3) 所示。

$$\text{GEC} = \sum N_T(\theta,\varphi) \cdot S(\theta,\varphi) \tag{2.3}$$

式中：$S(\theta,\varphi)$ 为以该网格点电离层 TEC 为中心的 Delaunay 三角网格单元的面积；(θ,φ) 为网格点对应的经纬度。

利用全球导航卫星系统（Global Navigation Satellite System，GNSS）观测数据可以反演电离层 VTEC，图 2-9 给出了北京地区太阳活动低（2016年）、高年（2023年）连续三天电离层 VTEC 的反演结果。图 2-9 中可看出，太阳活动高年电离层 VTEC 远大于太阳活动低年，且具有明显日变化特性，一般凌晨 04：00~05：00LT 最小，午后 14：00~16：00LT 最大。

利用 NeQuick 模型，图 2-10 给出了北京地区上空太阳活动低年（2016年）和高年（2023年），夏季（6月）和秋季（9月），早晨（05：00LT）和中午（13：00LT）时的电离层 TEC 随星地链路仰角的变化情况，高度为 1000km。

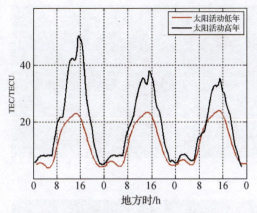

图 2-9 电离层 VTEC 日变化特性

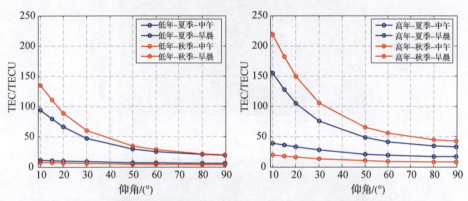

图 2-10 太阳活动低（2016 年，左）、高（2023 年，右）年 TEC 随仰角的变化曲线

图 2-11 给出太阳活动高年不同季节电子总量的全球区域变化。

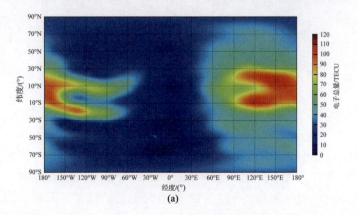

(a)

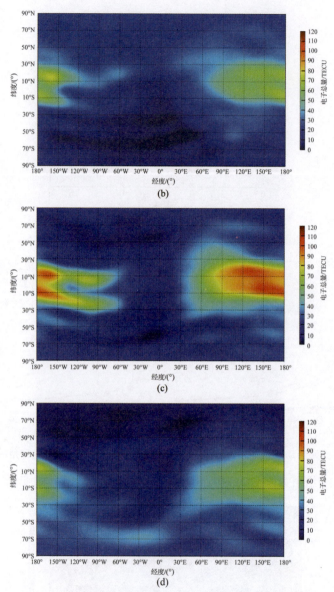

图2-11 太阳活动高年不同季节电子总量的全球区域变化
(a) 春季；(b) 夏季；(c) 秋季；(d) 冬季。

由图2-11可知，在太阳活动高年，赤道附近地区春季的电子总量最高可达95 TECU左右，秋冬次之，夏季最低，最高只有45 TECU左右，大部分地区在10 TECU左右。同样，图2-12给出太阳活动低年不同季节的全球区域变化。

第 2 章 电离层大气折射环境

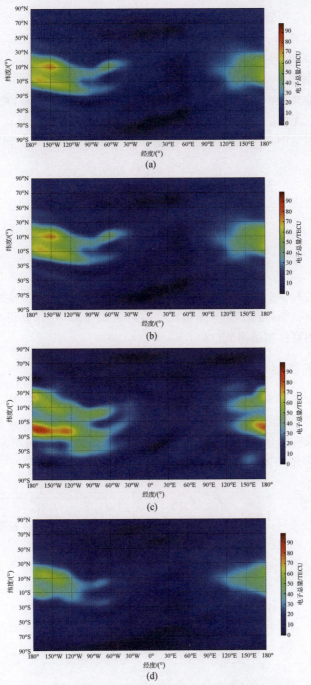

图 2-12 太阳活动低年不同季节电子总量的区域变化
(a) 春季; (b) 夏季; (c) 秋季; (d) 冬季。

由图 2-12 可知，在太阳活动低年，赤道附近地区秋季的电子总量最高也只有 60 TECU 左右，春冬次之，夏季最低，最高只有 30 TECU 左右，大部分地区只有 5 TECU 左右。

3. 临界频率

所谓的临界频率是针对无线电波传播而引申出来的一个电离层特征参量，其内涵为垂直无线电信号在电离层各层对应高度中的最大反射频率。

根据电离层中自由电子的简谐振动方程，等离子体频率 f_n 可以表示为

$$f_n^2 = \frac{e^2}{4\pi^2 \varepsilon_0 m} N_e = 80.6 N_e \qquad (2.4)$$

因此，电离层各层对应的临界频率可由其对应高度的峰值电子密度决定。

$$f_0 E = \sqrt{80.6 NmE} \qquad (2.5)$$

$$f_0 F_1 = \sqrt{80.6 NmF_1} \qquad (2.6)$$

$$f_0 F_2 = \sqrt{80.6 NmF_2} \qquad (2.7)$$

式中：$f_0 E$、$f_0 F_1$、$f_0 F_2$ 分别对应为 E 层、F_1 层和 F_2 层的临界频率（MHz）。在很多情况下，临界频率并非是由式（2.5）~式（2.7）计算得来，而通常是由垂测电离图直接判读得到。

2.1.3 折射参量

电离层大气环境折射参数主要指电离层折射指数。当考虑地磁场的影响时，根据磁离子理论，在考虑地磁场和各类碰撞等因素的一般条件下，电离层为各向异性双折射介质，即电磁波在其中传播时会发生双折射现象，Appleton–Hartree 公式可用来表示电离层折射指数。

$$n^2 = 1 - \frac{X}{1 - iZ - \left(\dfrac{Y_T^2}{2(1-X-iZ)}\right) \mp \sqrt{Y_L^2 + \dfrac{Y_T^4}{4(1-X-iZ)^2}}} \qquad (2.8)$$

$$X = \frac{f_P^2}{f^2} = \frac{N_e e^2}{4\pi^2 \varepsilon_0 m f^2} \cong \frac{80.6}{f^2} N_e \qquad (2.9)$$

$$Y_L = \frac{f_H}{f}\cos\theta \cong \frac{\mu_0 H_0 |e|}{2\pi m}\frac{\cos\theta}{f} \qquad (2.10)$$

$$Y_T = \frac{f_H}{f}\sin\theta \cong \frac{\mu_0 H_0 |e|}{2\pi m}\frac{\sin\theta}{f} \qquad (2.11)$$

$$Z = \frac{v_e}{f} \qquad (2.12)$$

式中：f_p 为等离子体频率（Hz）；f 为发射频率（Hz）；N_e 为电子密度（e/m³）；

e 为电子电荷（$1.60217733 \times 10^{-19}$ C）；m 为电子质量（$9.1093897 \times 10^{-31}$ kg）；ε_0 为自由空间介电常数（8.854×10^{-12} F/m）；θ 为地磁场与无线电波传播方向的夹角（rad）；H_0 为地磁场的强度（A/m）；f_H 为电子回旋频率（Hz）；μ_0 为自由空间磁导率（1.256637×10^{-7} H/m）；v_e 为电子的碰撞频率（Hz）。

当存在外加磁场时，等离子体被磁化为双折射介质，无线电波进入磁离子介质后，分裂为两个旋转方向相反的椭圆偏振波，形成寻常波和非寻常波。在式（2.8）中，"+"和"-"符号分别表示寻常波（O 波）和非寻常波（X 波）。

由 Appleton – Hartree 公式可看出，电离层受地磁场影响，具有如下特征。

(1) 色散：电离层折射指数是频率的函数，导致电波群速度不等于相速度。

(2) 吸收：电离层的折射指数是复数，具有实部和虚部，虚部对应电离层的吸收，即无线电波在电离层传播过程中存在损耗，能量通过碰撞变为热能保持守恒。

(3) 双折射：受地磁场和自由电子影响，电离层折射指数与无线电波传播方向有关，表明无线电波具有两个不同的传播方向，电离层折射指数分为群传播折射指数 n_g 和相传播折射指数 n_p，不同传播方向折射指数不同，表现出各向异性。

在 VHF 以上频率，$X \ll 1$，式（2.8）可简化为

$$n_p \approx 1 - \frac{X}{2} \approx 1 - 40.3 \frac{N_e}{f^2} \tag{2.13}$$

无线电波在电离层中传播的相传播折射指数 n_p 和群传播折射指数 n_g 满足以下关系：$n_g = n_p + f \frac{\partial n_p}{\partial f}$，由此可得

$$n_g \approx \frac{1}{n_p} = 1 + 40.3 \frac{N_e}{f^2} \tag{2.14}$$

2.2 电离层模型

电离层模型一直是进行电离层研究和预报的基本工具，电离层模型基本上可以分为两类，一类为考虑电离层内部光化学、热力学、动力学以及电动力学等各种物理化学过程的理论模型，如 SAMI2 模型、CTIM 模型、SUPIM 模型等，可进行电离层活动变化的短期预报，由于电离层空间尺度大，影响电离层时空变化因素多，理论模型在建模过程中很难对各个物理过程全面考虑，导致理论模型预报结果常常与实际情况有较大的差别。随着电离层探测手段和观测

数据资料的不断丰富，基于长期电离层历史观测数据进行统计建模的经验和半经验模型优势逐渐凸显，可用于中电离层活动变化的长期预报，下面介绍几种常用的电离层经验和半经验模型。

2.2.1 国际参考电离层模型

国际参考电离层模型（International Reference Ionosphere，IRI）是在国际空间委员会（Committee for Space Research，COSPAR）和国际无线电科学联盟（International Union of Radio Science，URSI）联合资助下，由 IRI 工作组根据地面观测站得到的大量资料和多年电离层模型研究成果，研制开发的全球电离层模型。

国际参考电离层模型成型于 1957 年，每年根据最新的研究成果和观测数据，及时更新并发布新版本，目前最新模型为 IRI2020。整个电离层剖面共分为 6 个区域：即顶部区、F_2 层、F_1 层、中间区、E 层峰谷区和 E 层底以及 D 层区，描述了电离层在地磁宁静条件下全球电离层电子浓度、温度以及离子成分、温度等参量的月平均状态，能够较好的给出全球电离层时空变化情况。

2.2.2 中国参考电离层模型

由于 IRI 模型在构建过程中较少用到中国区域的电离层观测数据，在中国区域该模型的精度有所降低。中国电波传播研究所参考 IRI 模型，并利用中国区域内的电离层观测数据，形成中国参考电离层模型（China Reference Ionosphere，CRI），有效提高了模型在中国区域的精度。

与 IRI 模型相比较，CRI 模型做了以下改进。

（1）采用了"亚洲大洋洲地区电离层预报"方法中给出的 f_0F_2 和 $M(3000)F_2$ 数据；

（2）统计了中国 F_1 层出现的时间，认为在中国所有季节均要考虑 F_1 层的存在；

（3）在中国 E 层的最大电子密度高度取值为 115km。

2.2.3 NeQuick 模型

NeQuick 模型是由意大利萨拉姆国际理论物理中心与奥地利格拉茨大学联合开发的三维电离层电子密度模型。NeQuick 模型能够给出电离层底部到顶部的电子密度时空分布，模型输出最大高度达到 20000km，采用 Epstein 公式表示电离层 E 层、F_1 层、F_2 层及 F_2 层以上空间电离层电子密度随高度的变化。模型的基本输入参量为站点经纬度、高度、时间和太阳黑子数（Sun Spot

Number，SSN），输出参量为给定条件下的电子密度及该站上空垂直电离层总电子含量。此外，NeQuick 模型还给出了计算任意两点之间的路径电离层电子含量的方法。

2.2.4　附加赤道双峰扰动的准抛物模型

该模型的电离层底高、半厚度以及临界频率不再是常数，而是随着地心角的变化而变化，如式（2.15）所示。

$$N_e = \begin{cases} \dfrac{f_c^2}{80.8}\left[1-\left(\dfrac{r-r_m}{y_m}\right)^2\left(\dfrac{r_b}{r}\right)^2\right], & r_b < r \leqslant r_m\left(\dfrac{r_b}{r_b-y_m}\right) \\ 0, & \text{其他} \end{cases} \quad (2.15)$$

式中：f_c 为临界频率；y_m 为半厚度；r_b 为电离层底高（包含地球半径）；$r_m = r_b + y_m$ 为最大电子浓度高度。它们与地心角 θ 的关系如式（2.16）所示。

$$\begin{cases} f_c^2 = f_{c0}\left[1 + A_1 e^{-\left(\frac{\theta-\theta_1}{\phi_1}\right)^2} + A_2 e^{-\left(\frac{\theta-\theta_2}{\phi_2}\right)^2}\right] \\ r_b = h_{b0}\left[1 + C_{rb} e^{-\left(\frac{\theta-\pi/2}{T}\right)^2}\right] + r_e \\ y_m = y_{m0}\left[1 + C_{ym} e^{-\left(\frac{\theta-\pi/2}{T}\right)^2}\right] \end{cases} \quad (2.16)$$

式中：r_e 为地球半径；f_{c0}、h_{b0}、y_{m0} 分别为电离层无扰动时的临界频率、电离层底高和半厚度；T 为赤道双峰中心连线的水平倾斜度；θ_1、θ_2 为双峰的中心位置；A_1 和 A_2 为幅度；ϕ_1 和 ϕ_2 为分布范围；C_{rb} 和 C_{ym} 为比例系数，一般小于 1。求解时将电子浓度分别对高度 r 和地心角 θ 求导代入射线方程即可。

2.3　电离层电波传播效应

背景电离层是指不考虑电离层扰动的平静电离层状态。电离层是一种色散介质，其折射指数随频率的变化而变化，这使不同频率的电波具有不同的传播速度。同时，电离层的分层特性还会导致电波的折射和多径传播等效应。地球的磁场使电离层具有各向异性，入射的电波被分裂成 O 波和 X 波两种极化波，造成电波的法拉第旋转效应。此外，电离层的折射指数小于 1，导致电波在电离层传播时，其群速度小于光速，而相速度大于光速，造成相位超前及时延等效应。综上所述，背景电离层可导致无线电波时延、相移、极化旋转、多普勒、折射、色散和吸收等传播效应，对雷达、测控、卫星系统性能产生不同程度的影响。

2.3.1 群时延

电离层传播路径上自由电子的存在导致无线电波传播的群速度小于真空中光速,使得传播时间较自由空间长。同时电离层作为一种色散介质,对不同频率无线电波,无线电波在电离层中传播时传播速度不同,但无线电波的群速度 v_g 均小于光速,群速度表示如式(2.17)所示。

$$v_g = \frac{c}{n_g} \tag{2.17}$$

式中:c 为光速 ($2.99792458 \times 10^8 \mathrm{m/s}$);$n_g$ 为群折射指数,见式(2.14)。

当无线电波在电离层中传播时,电波以群速度 v_g 传播,目标到地面的几何距离 ρ 如式(2.18)所示。

$$\rho = \int_{\Delta t} v_g \mathrm{d}t = \int_{\Delta t} c \left(1 - 40.3 \frac{N_e}{f^2}\right) \mathrm{d}t = c \cdot \Delta t - \frac{40.3}{f^2} \int_{s'} N_e \mathrm{d}s = P - \frac{40.3}{f^2} \int_{s'} N_e \mathrm{d}s \tag{2.18}$$

式中:f 为频率(Hz);P 为伪距(m),大小为无线电波传播时间 Δt 与光速 c 的乘积。

电离层引起的无线电波距离延迟为伪距和几何距离之差 Δl 定义如式(2.19)所示。

$$\Delta l = \frac{40.3}{f^2} \int_{s'} N_e \mathrm{d}s = \frac{40.3}{f^2} \mathrm{TEC} \tag{2.19}$$

相应地,电离层引起的无线电波传播时延如式(2.20)所示。

$$\Delta \tau = \frac{\Delta l}{c} = \frac{40.3}{cf^2} \int_{s'} N_e \mathrm{d}s = \frac{40.3}{cf^2} \mathrm{TEC} \tag{2.20}$$

式中:$\Delta \tau$ 为时延(s)。

由式(2.20)可以看出,$\Delta \tau$ 为 f 和 TEC 的函数,TEC 取不同值时,时延 $\Delta \tau$ 随频率 f 的变化如图 2–13 所示。

2.3.2 相位超前

无线电波在电离层传播时相位变化的快慢定义为相位传播速度(相速度 v_p),由式(2.13)可知,相折射指数 n_p 小于1,使得无线电波相位传播速度大于光速,相速度计算如式(2.21)所示。

$$v_p = \frac{c}{n_p} \tag{2.21}$$

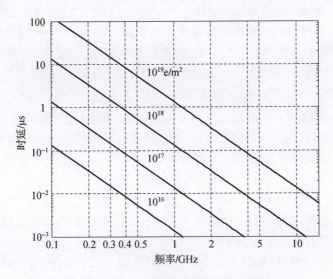

图 2-13 电离层时延随频率和 TEC 的变化

由于相传播速度大于光速,造成无线电波相位超前 Δl_φ(m) 计算如式 (2.22) 所示。

$$\Delta l_\varphi = -\frac{40.3}{f^2}\int_{s'} N_e \mathrm{d}s \qquad (2.22)$$

电离层引起的相位超前 $\Delta\varphi$(rad) 如式 (2.23) 所示。

$$\Delta\varphi = \frac{2\pi}{\lambda}|\Delta l_\varphi| = 2\pi\frac{40.3}{cf}\mathrm{TEC} \qquad (2.23)$$

式中:λ 为波长 (m)。

2.3.3 法拉第旋转

地球磁场的存在,使得电离层表现为各向异性。线极化无线电波进入电离层后,分解为两个旋转方向相反的椭圆极化分量,即为 O 波和 X 波,频率越高,这两个分量越接近圆极化。由于两个分量具有不同的传播速度,在电离层传播一段距离后重新合成一个线极化波,波的矢量方向相对于入射波的波矢量方向旋转了一个角度,这就是法拉第旋转效应。

对于 VHF 以上频段,电离层引起的法拉第旋转角 Ω (rad) 如式 (2.24) 所示。

$$\Omega = \frac{K_1}{f^2}\int N_e B_L \mathrm{d}l \qquad (2.24)$$

式中：K_1 为常数，取值为 2.36×10^4；f 为频率（Hz）；N_e 为电子密度（e/m³）；B_L 为平行于传播方向的地磁感应强度（特斯拉：T）；B_{LF} 为平行于传播方向的平均地磁场强度（特斯拉：T），B_{LF} 也被称为法拉第地磁因子。对于中、低纬度上接收对地静止卫星时，B_{LF} 取值如式（2.25）所示。

$$B_{LF}=B(h)\cos\varphi(h)\big|_{h=h_m=420\text{km}} \qquad (2.25)$$

式中：h_m 为电离层平均高度，一般可取 420km；$B(h)$ 为传播路径上 h_m 高度处的地磁感应强度；$\varphi(h)$ 为传播路径上 h_m 高度处射线传播路径与当地磁场方向夹角。法拉第旋转角 Ω 如式（2.26）所示。

$$\Omega=\frac{2.36\times10^4 B_{LF}}{f^2}\int N_e \mathrm{d}l \qquad (2.26)$$

可见，法拉第旋转 Ω 与电波的频率 f、沿积分路径的平均地磁场强度 B_{LF} 和沿传播路径的总电子含量 TEC 等有关。

对于 0.1~10GHz 频段无线电波，当电离层 TEC 在 1TECU（10^{16}e/m²）到 1000TECU（1000×10^{16}e/m²）之间变化时，电离层引起法拉第旋转角 Ω 值的变化，如图 2-14 所示。

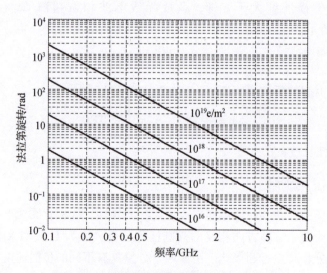

图 2-14　法拉第旋转与频率和 TEC 的关系

对于线天线，法拉第旋转引起的交叉极化鉴别度如式（2.27）。

$$\text{XPD}=-20\lg(\tan\Omega) \qquad (2.27)$$

极化损耗 $P_L(\text{dB})$ 计算如式（2.28）所示。

$$P_L=-20\lg(\cos\Omega) \qquad (2.28)$$

2.3.4 多普勒效应

多普勒效应中的多普勒频移来源于两个方面,一是雷达目标相对于接收机的运动,二是传播路径上的总电子含量的时间变化率,后者表示电离层引起的多普勒效应。

雷达目标相对于接收机运动产生的多普勒频移如式(2.29)所示。

$$\Delta f_{Vd} = \frac{f\mu_s v_e}{c} \tag{2.29}$$

式中:f 为频率(Hz);μ_s 为目标处的折射指数;v_e 为目标运动速度在射线方向上的分量(m/s);c 为光速(m/s);Δf_{Vd} 的单位为 Hz。

无线电波传播路径上电离层总电子含量随时间变化率引起的多普勒频移如式(2.30)所示。

$$\Delta f_{Id} = \frac{1}{2\pi} \frac{d(\Delta\varphi)}{dt} = -\frac{40.3}{cf} \frac{dTEC}{dt} \tag{2.30}$$

式中:f 为频率(Hz);c 为光速(m/s);Δf_{Id} 的单位为 Hz。

电离层处于宁静状态时,$\frac{dTEC}{dt}$ 很小(平均大概为 0.2TECU/s),但在电离层活动剧烈期间,电离层 TEC 会快速变化,多普勒频移也随之急剧增大。对于 GNSS 系统,当多普勒频移增大(比如 $\Delta f_{Id} > 1Hz$)时,可能会使 GNSS 接收机锁相环无法锁定 GNSS 信号相位,导致失锁。

2.3.5 折射效应

折射效应是无线电波信号在穿越电离层时,无线电波的群速度小于光速,造成无线电波传播时间上的延迟,同时在传播路径垂直面上会发生向上或者向下弯曲现象。与对流层不同的是,电离层作为色散介质,对于不同频率的无线电波折射效应不同,折射误差与频率的平方成反比。图 2-15、图 2-16 分别给出不同频段电磁波电离层引起的距离、仰角折射误差结果。

由图 2-15、图 2-16 可知,P 频段的电离层距离误差在低仰角时可达几百米,仰角误差在 3.5mrad 左右,随着频率的增加,电离层折射效应减弱,折射误差迅速减小。图 2-17~图 2-20 分别给出北京地区 UHF 频段(500MHz)01:00LT(左)和 13:00LT(右)太阳活动低年(2016 年)和高年(2023 年)典型仰角(3°、5°、10°、15°、20°、30°、60°)电波环境引起的折射误差(包含对流层和电离层引起的折射误差),目标高度为 1000km。

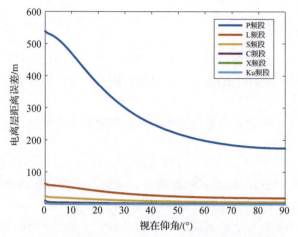

图 2-15 不同频段的电离层距离误差随仰角的变化

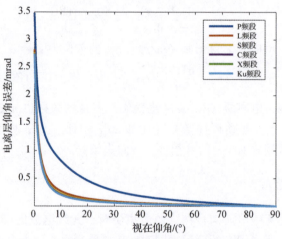

图 2-16 不同频段的电离层距离误差随仰角的变化

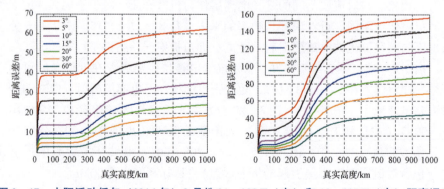

图 2-17 太阳活动低年（2016年）3月份01：00LT（左）和13：00LT（右）距离误差

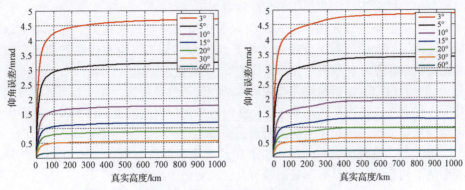

图 2-18　太阳活动低年（2016 年）3 月份 01：00LT（左）
和 13：00LT（右）仰角误差

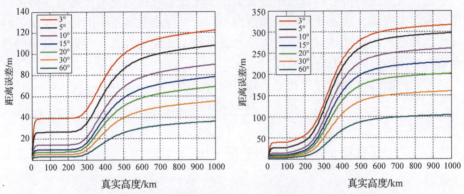

图 2-19　太阳活动高年（2023 年）3 月份 01：00LT（左）
和 13：00LT（右）距离误差

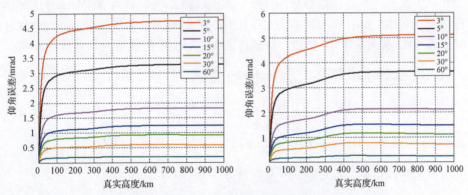

图 2-20　太阳活动高年（2023 年）3 月份时 01：00LT（左）
和 13：00LT（右）的仰角误差

通过上述分析，电离层折射效应具有以下特征。

①电离层是色散介质，电离层引起的折射效应与频率相关，信号频率越低，电离层引起的折射误差越大。对于 UHF 频段而言，电离层在低仰角引起的距离折射误差可达数百米，仰角误差在 mrad 量级。

②电离层引起的折射误差与太阳活动和地理位置相关，并具有明显的日变化。一般而言，在太阳活动高年、中午时分电离层引起的折射误差最大；在太阳活动低年、夜晚电离层引起的折射误差最小。

事实上，电离层引起的距离折射误差变化特性与电离层 TEC 相似，受到太阳活动的影响，也具有明显的季节及区域变化等特性。

2.3.6 色散

由于电离层的折射指数与频率有关，当无线电波在电离层传播时，传播时延也与频率有关，这就使得脉冲频谱内不同频率分量具有不同的传播时延。因此，这种电离层色散效应会使接收脉冲信号产生畸变与失真，特别是宽带信号会引起严重的时延色散分布效应。

时延色散通常是指时延相对于频率的变化率，即

$$\frac{\mathrm{d}t}{\mathrm{d}f} = -\frac{2.68 \times 10^{-7}}{f^3}\mathrm{TEC} \qquad (2.31)$$

式中：$\frac{\mathrm{d}t}{\mathrm{d}f}$ 为时延色散（s/Hz）；f 为频率（Hz）；TEC 为传播路径电离层总电子含量（e/m²）。

当信号频率为 0.1~10GHz，脉冲宽度分别为 0.01μs、0.1μs、1μs 和 10μs，电离层 TEC 为 50 TECU（50×10^{16} e/m²）时，电离层引起的时延色散如图 2-21 所示。可看出信号脉冲宽度 τ 为 1μs 时，当频率为 200MHz 时，时延色散量为 0.017 μs；而当频率为 600 MHz 时，时延色散为 0.00062 μs。由此可见，在 VHF 频段和 UHF 频段，时延色散效应对宽带传输系统具有重要影响。

电离层引起的相位色散 $\frac{\mathrm{d}\varphi}{\mathrm{d}f}$（rad/Hz）如式（2.32）所示。

$$\frac{\mathrm{d}\varphi}{\mathrm{d}f} = -2\pi \frac{40.3}{cf^2}\mathrm{TEC} = -\frac{8.44 \times 10^{-7}}{f^2}\mathrm{TEC} \qquad (2.32)$$

式中：f 为频率（Hz）；c 为光速（m/s）。

二阶相位色散 $\frac{\mathrm{d}^2\varphi}{\mathrm{d}f^2}$（rad/Hz²）的计算如式（2.33）。

$$\frac{\mathrm{d}^2\varphi}{\mathrm{d}f^2} = \mathrm{d}\left(\frac{-8.44}{f^2} \times 10^{-7}\right)\bigg/\mathrm{d}f = -\frac{16.88}{f^3} \times 10^{-7} \qquad (2.33)$$

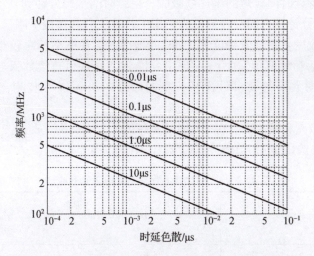

图 2-21　电离层对不同脉冲宽度信号的时延色散效应

色散效应会造成无线电系统成像分辨率大大下降,跟踪测距、测角及测速误差大大增加,色散是影响空间监视雷达、导弹预警雷达和星载合成孔径雷达(Spaceborne Synthetic Aperture Radar,SAR)的最重要环境效应。

2.3.7　吸收

电离层吸收与电离层电子密度剖面 D 层有密切关系,D 层电子密度增大时吸收也会增大。对于30MHz以上频率无线电波,电离层吸收正比于 $\sec(i)/f^2$,i 表示传播路径的天顶角,f 表示频率。在赤道及低纬度区域,对于70MHz以上频率系统,电离层吸收很小,几乎可以忽略。

试验测量表明:在中纬度地区,对于30MHz频率电波信号,单程垂直穿过电离层所发生的吸收一般为0.2~0.5dB。在太阳耀斑期间,太阳辐射的X射线迅速增加,造成 D 层的电离层迅速增加,电离层吸收会明显增强,可达5dB。增强吸收现象一般发生在高纬度地区,如极光吸收和极盖吸收等,这类吸收出现的时间是随机的,持续时间也不同,其时空分布特性应由试验观测获得。

在极区,沉降的高能电子使得电离层 D 区和 E 区中性大气发生电离,导致电子密度增加,当电波信号穿过电离层时,波的电场矢量引起电子运动,电子与其他粒子碰撞引起电波幅度的衰减,这就是电离层极光吸收。极光吸收一般发生在以可见极光出现概率最大的纬度为中心的10°~20°范围内,表现为一系列相对持续时间较短的不连续吸收，持续时间从数分钟到几小时，平均持续时间为 30 分钟，夜间吸收表现为平滑的快速上升和缓慢下降。

极盖吸收发生在地磁纬度大于 64°的地区，出现概率相对较小。极盖吸收通常在太阳活动峰值年发生，一年 10~12 次，每次可持续数天。极盖吸收通常伴随离散的太阳活动事件出现，在向阳面的极盖区可监测，夜间则明显减小。

电离层极光和极盖吸收衰减与电波频率的平方成反比。表 2-2 根据 ITU-R P.531 建议书给出了 127MHz 频率上典型的极光吸收（dB）。

表 2-2 127MHz 频率电波的极光吸收

时间百分数/%	仰角	
	5°	20°
0.1	1.5	2.9
1	0.9	1.7
2	0.7	1.4
5	0.6	1.1
20	0.2	0.4

综上所述，电离层作为色散介质，对不同频率电波信号的影响不同，如时延、相位超前、折射、色散、法拉第旋转、多普勒频移及吸收等。表 2-3 给出了频率范围为 0.1~10GHz 的无线电波电离层传播效应估计，其对应仰角为 30°的单程路径上电离层 TEC 值为 100TECU。

表 2-3 电离层传播效应估计

效应	频率关系	0.1GHz	0.25GHz	0.5GHz	1GHz	3GHz	10GHz
时延	f^{-2}	25μs	4μs	1μs	0.25μs	0.028μs	0.0025μs
折射	f^{-2}	<1°	<0.16°	<2.4′	<0.6′	<0.4″	<0.36″
到达方向改变	f^{-2}	20′	3.2′	48″	12″	1.33″	0.12″
法拉第旋转	f^{-2}	30 周	4.8 周	1.2 周	108°	12°	1.1°
吸收（极光或极盖）	f^{-2}	5dB	0.8dB	0.2dB	0.05dB	0.006dB	0.0005dB

续表

效应	频率关系	0.1GHz	0.25GHz	0.5GHz	1GHz	3GHz	10GHz
吸收（中纬）	f^{-2}	<1dB	<0.16dB	<0.04dB	<0.01dB	<0.001dB	<0.0001dB
时延色散	f^{-3}	400ps/kHz	26ps/kHz	3.2ps/kHz	0.4ps/kHz	14.5ts/kHz	0.4ts/kHz

参考资料

[1] 武业文. 利用全球导航卫星研究电离层总电子含量特性 [D]. 西安：西安电子科技大学，2013.

[2] 陈春. 电离层F2层临界频率的短期和暴时预报研究 [D]. 西安：西安电子科技大学. 2010.

[3] 刘雯景. 暴时及临震电离层扰动特征研究 [D]. 武汉：武汉大学. 2017.

[4] Jin S G, R Jin and D Li, et al. GPS detection of ionospheric Rayleigh wave and its source following the 2012 Haida Gwaii earthquake [J]. Journal of Geophysical Research：Space Physics, 2017, 122 (1)：1360 – 1372.

[5] 熊年禄，唐存琛，李行健. 电离层物理概论 [M]. 武汉：武汉大学出版社，1999.

[6] 赵振维，林乐科，卢昌胜，等. 卫星系统电波传播 [M]. 北京：国防工业出版社，2020.

[7] Radicella S M, Zhang M L. The improved DGR analytical model of electron density height profile and total electron content in the ionosphere [J]. Annals of Geophysics, 1995, 38 (1)：35 – 41.

[8] Radicella S M. The evolution of the DGR approach to model electron density profiles [J]. Advances in Space Research, 2001, 27 (1)：35 – 40.

[9] 焦培南，张忠治. 雷达环境与电波传播特性 [M]. 北京：电子工业出版社，2007.

[10] 许正文. 电离层对卫星信号传播及其性能影响的研究 [D]. 西安：西安电子科技大学，2005.

第 3 章　对流层折射参数监测技术

目前,对流层电波环境的传播预测与修正模型已相当成熟,对流层电波折射误差修正的关键在于实时、高精度地掌握对流层环境的结构及其参量数据,这对人工降雨、天气预报、航空航天飞行器安全等领域具有重要的意义,做好对流层折射环境的感知与监测工作对于提升对流层折射修正精度而言至关重要。本章系统介绍了当前对流层大气折射参数探测手段,结合不同探测手段获取的对流层折射参数监测数据,给出了区域对流层折射参数实时高精度监测方法。

3.1　对流层大气折射参数探测手段

3.1.1　无线电探空仪

基于无线电探空技术的无线电探空仪通常由充满氦气或氢气的气球搭载升空,是一种直接利用敏感器件进行低层大气参数测量的气象探测仪器。目前的无线电探空仪测量的重要大气参数包括:大气压强、温度、相对湿度和风速风向等。无线电探空仪温度和相对湿度测量分别由一个热敏电阻(容)和一个湿敏电阻(容)完成,它们固定在装满氦气的气球上发射,并在大约 2h 内达到约 22km 的平均高度,此时气球会爆炸。无线电探空仪固定时间间隔发送所在高度的大气压强、温度、相对湿度以及风速、风向的实时测量值,其具体工作过程如下。

(1)气球携带无线电探空仪升空,将在高空中观测到的温湿压气象数据实时传送至地面接收设备,高空中的风速风向参数可通过导航定位系统接收卫星信号确定气球的空间位移获取。

(2)地面数据终端对接收到的不同高度处的气象数据进行分析处理,剔除无效值，然后可利用式（1.2）计算出不同高度的大气折射率 N，形成无线电探空数据文件。

图 3-1　无线电探空监测对流层大气折射参数

需要注意的是，无线电探空仪在云附近和云中测量相对湿度时，由于湿度传感器接近饱和，湿度测量并不可靠。另外，在测量过程中，无线电探空仪经常被风带离，一般情况下，高度越高探空仪离初始测量点越远，因此利用无线电探空仪测量的对流层大气参数剖面并不是严格意义上初始测量点垂直方向上对流层大气参数剖面。但由于无线电探空仪测量的大气参数直接通过传感器测量得到，通常用来作为校准新测量技术的基准。

3.1.2　折射率仪

对流层大气折射率 N 可用式（1.2）计算，该公式本身有较高的精度，在 $-500 \sim 400$℃ 温度范围内，误差一般不超过 0.02%，对流层大气折射率 N 的测量误差主要受限于大气总压强 P、温度 T 和水汽压 e 的测量误差。受气象仪器或无线电探空仪测量大气总压强、温度和水汽压时传感器响应时间和标定误差的影响，用式（1.2）计算大气折射率 N 的方法，测量精度的进一步提高受到限制，不能满足某些特定条件下对大气折射率精细结构进行测量的需要。微波折射率仪采用微波高 Q 谐振腔作为大气折射率采样感应元件，它具有响应速度快、时间常数小、测量精度高的优点。

微波谐振腔的谐振频率 f_{res} 为

$$f_{res} = \frac{c}{2\pi\sqrt{\mu\varepsilon}} \tag{3.1}$$

$$N = (\sqrt{\mu\varepsilon} - 1) \times 10^6 \tag{3.2}$$

式中：c 为与谐振腔几何尺寸有关的常数；μ 为谐振腔中空气介质的导磁率；ε 为谐振腔中空气介质的介电常数。

根据式（3.1）、式（3.2）可推导出，微波高 Q 谐振腔中所充空气介质的折射率 N 与其谐振频率之间关系如式（3.3）。

$$N = \frac{\Delta f_{\text{res}}}{f_{\text{res}} \times 10^6} \tag{3.3}$$

式中：Δf_{res} 为测量谐振腔中充入待测空气时的谐振频率与谐振腔内抽成真空时的谐振频率之差。由式（3.3）可见，折射率 N 的测量已转化为谐振腔相对谐振频率变化的测量。因此，只要选择具有低温度系数的高 Q 谐振腔就能保证振荡器有足够的频率稳定性，由于现代频率的测量技术有很高的分辨力和精度，用微波高 Q 谐振腔作为大气折射率采样感应元件的微波折射率仪就有很高的测量精度。

折射率仪高 Q 测量谐振腔由超低温度系数铟瓦合金钢精密加工制成，设计有温度补偿盘，以保证振荡频率的温度稳定性，同时谐振腔有足够低的损耗以保证有高的 Q 值，表面有足够的光洁度，以降低表面吸附效应和减小黏滞系数，有利于测量空气的流通减小测量响应时间。折射率仪通常采用稳频式测量体制设计，可保证测量精度高、体积小、重量轻、可靠性好。稳频式测量体制原理框图由图 3-2 所示。

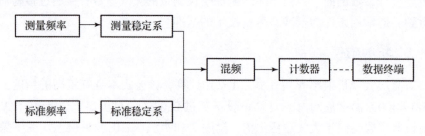

图 3-2　稳频式折射率仪原理框图

3.1.3　ST 雷达

ST 雷达也可叫做平流层及对流层雷达，它主要观测对象是平流层和对流层一般 25km 以下的大气环境参数，是探测低空大气环境的主要无线电技术手段。ST 雷达通过观测低空大气湍流引起的布拉格散射来探测大气风场和湍流等相关大气环境参数。图 3-3 给出了中国电波传播研究所建设在昆明观测站的 ST 雷达天线阵。

第 3 章　对流层折射参数监测技术

图 3-3　昆明观测站 ST 雷达天线阵

3.1.4　微波辐射计对流层大气折射参数监测

微波辐射计是一种高灵敏度的微波遥感设备,本身不发射信号,只被动接收各种物体发射的自然辐射信号,可精确测量水汽及氧气的大气辐射亮温,并实时反演大气温度、湿度、液水廓线以及水汽、液态水总含量等多种大气参数,是天气过程监测预警的重要手段,目前在大气探测、人工影响天气、环境监测、航天测量、雷达装备的大气折射误差修正等诸多领域有着广泛的应用。图 3-4 给出了中国电波传播研究所研制的 QFW-6000 型微波辐射计。

图 3-4　QFW-6000 型微波辐射计

微波辐射计进行大气遥感的基本原理是利用大气在微波段的辐射信息实现大气参数的遥感反演。由于物质内部电子能级、震动和转动能级的跃迁，大气在很宽的频带内可以辐射电磁波，或者吸收相应频率的电磁辐射。同样，不同的大气分子因为其自身物理化学的特性差异，会在特定的频段范围内发射和传输包含大气分子特征信息在内的电磁信号。QFW-6000型微波辐射计是基于大气微波遥感技术的气象观测设备，主要依据大气对不同微波频段辐射吸收上的差异，选择不同微波通道探测大气亮度温度（亮温）变化，再通过反演方法实现大气物理量测量，得到温度廓线、湿度廓线、水汽密度廓线、液态水廓线、液态水路径以及综合水汽含量等产品。

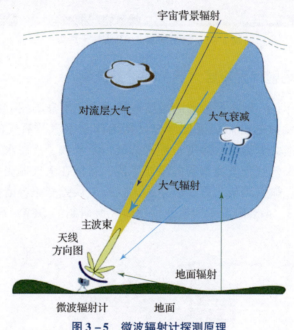

图 3-5　微波辐射计探测原理

图 3-6 给出了 QFW-6000 型微波辐射计使用的大气吸收光谱：根据大气吸收光谱可知，22.2GHz 附近和 183GHz 附近表现为水汽谐振带，60GHz 和 118.75GHz 附近表现为大气氧气谐振带，微波辐射计正是通过对水汽谐振带和氧气谐振带的测量获取大气亮温，进而实现物理量反演。因 118.75GHz、183GHz 频段附近大气衰减严重以及器件性能下降的影响，因此一般地基多通道微波辐射计采用 K 波段（22~31GHz）的水汽谐振带和 V 波段（51~59GHz）的氧气谐振带进行测量。

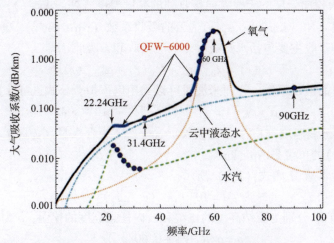

图3-6 微波辐射计使用的大气吸收光谱

根据大气辐射传输方程,天顶方向上亮度温度如式(3.4)所示。

$$T_{Bg} = \int_0^\infty T(r) k_e(r) e^{-\tau} dr \tag{3.4}$$

式中:T_{Bg}为亮度温度(K);$T(r)$为高度r处的大气温度(K);$k_e = k_a + k_s$为介质的体衰减系数(Np·m^{-1}),等于体吸收系数与体散射系数之和;$\tau = \int_0^r k_e(r') dr'$为地面与高度$r$之间天顶方向大气的光学厚度(Np)。

由大气辐射传输方程可得微波辐射计向上观测时,所测大气向下的辐射亮度温度为

$$T_{DN} = T_{extra} \exp\left(-\sec\theta \int_0^\infty k_a(z) dz\right) + \sec\theta \int_0^\infty k_a(z) T(z) \exp\left(-\sec\theta \int_0^\infty k_a(z') dz'\right) dz \tag{3.5}$$

式中:θ为天顶角;T_{extra}为外层空间的亮度温度,当频率大于5GHz时,通常认为其等于宇宙背景亮温2.73K;z为高度(km);$k_a(z)$为大气吸收系数(Np·km^{-1}),它主要由氧气和水汽的吸收以及液态水的吸收所组成,与该处大气的温、湿、压有相关关系;$T(z)$为大气的物理温度(K)。

在云天情况下,只考虑大气的吸收作用,可得

$$T_{Bg} = \int_0^{r_1} T(r) \alpha_a(r) e^{-\int_0^r \alpha_a(r') dr'} dr + \int_{r_1}^{r_2} T(r) [\alpha_a(r) + \alpha_c(r)] e^{-\int_0^r [\alpha_a(r') + \alpha_c(r')] dr'} dr$$

$$+ \int_{r_2}^\infty T(r) \alpha_a(r) e^{-\int_0^r [\alpha_a(r') + \alpha_c(r')] dr'} dr \tag{3.6}$$

式中：T_{Bg} 为指向云层的天线方向接收到的亮度温度（Np·km^{-1}）；$\alpha_a(r)$ 为大气吸收系数（Np·km^{-1}）；$\alpha_c(r)$ 为云的吸收系数（Np·km^{-1}）。

大气的吸收主要包括水汽吸收、氧气吸收和云吸收，即

$$\alpha_a(r) = \alpha_{H_2O}(r) + \alpha_{O_2}(r) + \alpha_{cloudy}(r) \tag{3.7}$$

对于云的吸收系数，在厘米波段可以采用以下拟合公式进行计算。

$$\alpha_c(r) = 10^{[0.01124(291-T)-0.9418]}/\lambda^{1.968} \cdot M \tag{3.8}$$

式中：T 为云滴温度（K）；λ 为波长（cm）；M 为含水量（g/m^3）。取以上单位时，$\alpha_c(r)$ 的单位是 Np·km^{-1}。

计算含水量 M 如式（3.9）所示。

$$M = 10^6 \cdot \rho \cdot (q_c - q_m) \tag{3.9}$$

式中：q_c 和 q_m 分别为凝结高度的比湿和云内任意高度的比湿；ρ 为空气密度。

$$\rho = p/R_d/(1+0.608q_m)/T \tag{3.10}$$

式中：R_d 为干空气的比气体常数；T 为温度。

基于地基微波辐射计采用 BP 神经网络算法实时反演对流层折射率剖面，具体步骤如下。

第一步：根据布站点的经纬度和海拔高度选择合适的探空数据进行样本数据的选取，选用的是探空数据中的特性层数据，并且要剔除掉雨天的数据，保留晴天和阴天的数据。

第二步：由于特性层数据主要是特性层高度上的压强、温度和露点温度差，因此需要进行相应的公式转换，根据基础参数计算出各层对应的高度和相对湿度等中间参数。

第三步：获得特性层高度的参数后，利用线性插值算法获取规定高度层上的压强，温度和相对湿度等参数值。

第四步：将样本数据的90%作为训练数据，剩下的10%作为测试数据。根据初始设定的均方差要求，利用神经网络方法训练数据，建立数据与反演参数之间的网络，并使用测试数据进行测试。如果达到均方差要求，则网络训练完成，可以输出，如果未达到要求，则继续进行训练，直到达到要求为止。

地基微波辐射计反演对流层折射率剖面在进行误差分析的过程中，以气象探空数据统计分析获得的折射率剖面作为折射率剖面真值，将通过辐射计反演方法得到的反演剖面以及通用预测模型计算的剖面分别与探空真值进行比较。图3-8、图3-9分别给出了青岛站1、7月辐射计反演与通用模型比较结果。

第 3 章 对流层折射参数监测技术

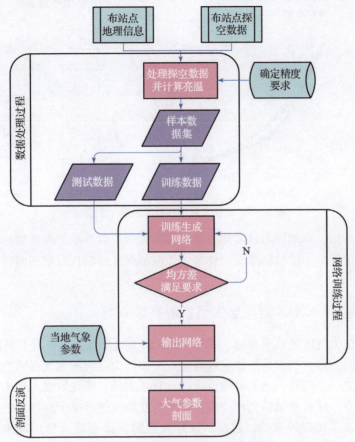

图 3-7 微波辐射计反演剖面流程图

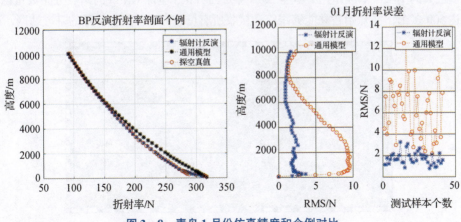

图 3-8 青岛 1 月份仿真精度和个例对比

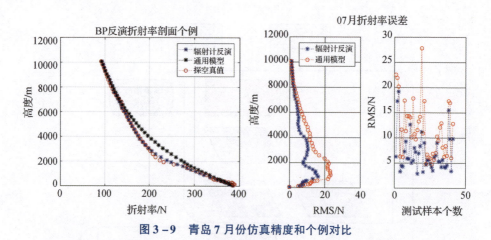

图 3-9 青岛 7 月份仿真精度和个例对比

可以看出，利用辐射计实测亮温反演的大气折射率剖面误差要远小于通用模型预测值误差，试验结果充分体现了微波辐射计反演折射率剖面的准确性和实时性。

3.1.5 基于 GNSS 对流层大气折射参数监测

与其他大气遥感技术相比，基于 GNSS 的大气反演技术具有高精度、全天候、近实时、自校准和长期稳定性等优点，被认为是当前大气遥感中最具有潜力的手段之一，同时，地基单站反演还具有成本低，实现简便，利于大范围的布站等优点。随着单站精密单点定位技术的发展，使得基于地基单站的大气反演方法具备了实现的基础。目前，国际大地测量协会建立的国际 GNSS 服务 (International GNSS Service，IGS) 连续运行基准站网是全球分布最广泛、空间规模最大的 GNSS 基准站网。截至 2023 年 2 月，IGS 全球 GNSS 的站点分布数量已达 500 多个，并开始建立能够跟踪和接收所有可用 GNSS 卫星信号的基准站网。

图 3-10 全球 IGS 站及区域监测网分布图

第3章 对流层折射参数监测技术

1. 基于 GNSS 对流层天顶延迟解算

20世纪70年代初，Anderle 利用卫星多普勒观测值确定单站的位置，首次引入精密单点定位的概念。待 GPS 卫星定位系统开发之后，由于 C/A 码和 P 码的单点伪距定位精度不够，20世纪80年代中期，开始探索利用相位观测值进行精密单点定位，即非差相位单点定位，但由于每个历元时刻的卫星钟差，对流层延迟，接收机钟差，相位模糊度参数，测站坐标等待估参数较多，导致最后的计算方程组是亏秩的，对于亏秩方程还没有好的解决办法，导致该方法被暂时搁置。直至20世纪90年代，随着 GNSS 国际地球动力学服务局的成立，并向全球播发高精度的精密卫星轨道和钟差产品，此后还发展成等级不同的事后、快速和预报三种星历以及相应的精密卫星钟差产品，这才为精密单点定位提供了解决思路。随后，美国喷气推进实验室（Jet Propulsion Laboratory, JPL）的研究人员 Zumberge 等提出利用 IGS 提供的精密星历，同时用一个 GPS 跟踪站网的数据确定 5s 间隔的卫星钟差，基于单点定位方程估计出对流层参数、接收机钟差和测站的坐标的精密单点定位研究思路，并取得了静态定位精度达 1~2cm、动态定位精度达 2.3~3.5dm 的结果，确定了利用非差相位观测值进行精密单点定位的可行性。这种单点定位方式集成了标准单点定位的机动性强的优点以及差分 GPS 定位的精度高的优点，同时克服了差分 GPS 定位至少需要一个基准站、作业时受作用距离限制等缺点。单点理论的研究及其实际应用的开发成了此后十余年里国际与国内的研究热点。这种单点定位方式即精密单点定位方法（Precise Point Positioning, PPP）。

GNSS 估计对流层天顶延迟的基本原理是利用 GNSS 非差观测值获取对流层延迟信息。非差观测值具有观测值种类多便于求解的优点，但同时在数据处理中存在着大量的误差源无法通过差分进行消除，需要在反演中性大气的过程中考虑进来。在 GNSS 估计对流层天顶延迟过程中影响其精度的主要误差源分为三类。

①与卫星有关的误差，主要包含卫星坐标误差、卫星钟差、相对论效应、相位缠绕等。

②与接收机有关的误差，主要包含接收机时钟误差、地球各种潮汐、地球自转参数等。

③与信号传播路径有关的误差，主要包括电离层延迟误差和多径效应等。其中大部分的误差项可以通过精确模型化进行消除，对于不能精确模型化的误差，主要通过参数估计或使用组合观测值来消除，如电离层延迟误差可采用双频组合观测值来消除低阶项。

GNSS 信号穿过大气层进入地面，经过了整个的对流层，"携带"了大量的对流层信息，因此 GNSS 精密单点定位除了可以进行精确定位之外，还能用于探测对流层信息，其方法是利用非差观测方程，将对流层延迟看作未知数进行求解，在消除各项误差以及通过双频组合观测值消除电离层后得出每颗卫星对应路径上的观测方程组如式（3.11）所示。

$$\begin{cases} \Phi_c = \rho + c(dT_r - dT_s) + M_h \cdot ZHD + M_w \cdot ZWD + N \cdot \lambda_c + \varepsilon_\Phi \\ P_c = \rho + c(dT_r - dT_s) + M_h \cdot ZHD + M_w \cdot ZWD + \varepsilon_P \end{cases} \quad (3.11)$$

式中：Φ_c、P_c 分别为载波相位和伪距的无电离层组合观测值；ρ 为卫星到地面的几何距离；dT_r 和 dT_s 分别为接收机与卫星的钟差；M_w 与 M_h 分别为对流层湿延迟与干延迟的投影函数；ZHD 为天顶对流层干延迟；ZWD 为待解算的天顶方向对流层湿延迟；N 为无电离层组合模糊度；ε_Φ、ε_P 分别为相应观测值的多径误差和观测噪声。

这里 $M_h \cdot ZHD + M_w \cdot ZWD$ 表示对流层延迟，一般将对流层延迟影响表示为对流层天顶延迟与投影函数 M（如 Niell 投影函数）的乘积，因此对流层延迟如式（3.12）所示。

$$T = T_{dry} \cdot M_{dry}(elev) + T_{wet} \cdot M_{wet}(elev) \quad (3.12)$$

在静力平衡条件下，ZHD 可以基于经验模型利用地面气象数据精确的计算，其精度可达到毫米量级，而 ZWD 则是作为待估未知参数通过随机游走过程模拟其时空变化。当估计得到 ZWD 后可通过公式计算得到大气水汽含量（PWV），大气水汽含量是指从地面到大气顶界的单位面积大气柱中所含水汽全部凝结并降落到地面，可以产生的降水量，其也被称为大气可降水量。

$$PWV = \kappa ZWD \quad (3.13)$$

式中：κ 为转换因子，取经验值为 0.15×10^3。取以上单位时，PWV 单位为 mm，ZWD 单位为 m。

图 3-11 为地基 GNSS 估计对流层天顶延迟原理的框图，主要包括准备数据、误差修正、数据处理和参数估计。

传统的 PPP 技术采用 GPS 来实现，近十几年来，随着我国北斗导航卫星系统（BDS）工作突飞猛进的发展与逐步完善，也使其具备了 PPP 技术实现的可能。图 3-12 给出了分别利用 BDS 和 GPS 系统解算的西沙站天顶延迟随时间的变化。

选取我国四个不同气候区域的典型月份进行一天 24 小时内对流层天顶延迟标准偏差统计，比较对象是 IGS 产品中的对流层天顶延迟解算结果。IGS 产品中的对流层天顶延迟是基于 JPL 开发的 GIPSY 软件的解算结果，其被公认为目前精度最高的 GNSS 单点定位软件之一。图 3-13～图 3-16 中的对流层天顶延迟利用基于 GNSS 信号解算得到，星历产品采用 IGS 发布的事后 15min 间隔的精密轨道产品和 30s 间隔的精密钟差产品。与 IGS 提供的 GIPSY 软件解算的对流层天顶延迟产品进行了比较，标准偏差及均方根误差均在毫米量级，解算精度与 GIPSY 解算对流层的精度相当。

第 3 章 对流层折射参数监测技术

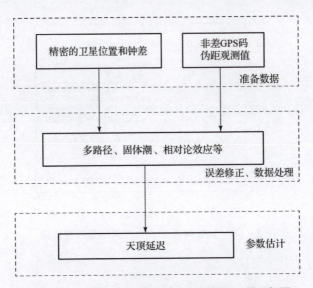

图 3-11 地基 GNSS 估计对流层天顶延迟原理框图

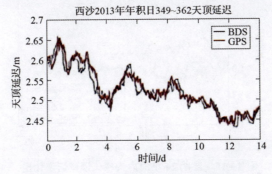

图 3-12 西沙站对流层天顶延迟解算结果

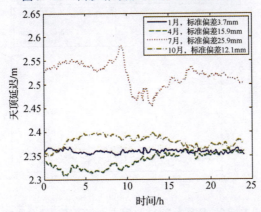

图 3-13 北京 24 小时内大气天顶延迟变化量

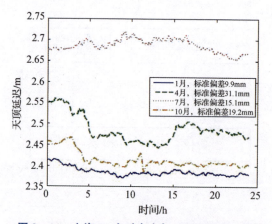

图 3-14 上海 24 小时内大气天顶延迟变化量

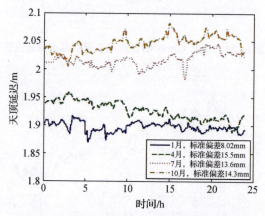

图 3-15 昆明 24 小时内大气天顶延迟变化量

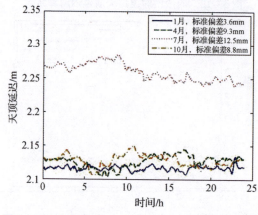

图 3-16 乌鲁木齐 24 小时内大气天顶延迟变化量

2. 对流层折射率剖面反演

采用相关向量机（Relevance Vector Machine，RVM）方法实现基于 GNSS 对流层折射率剖面反演。RVM 是在贝叶斯框架的基础上提出的，RVM 通过最大化后验概率（MAP）求解相关向量的权重，基于核函数将低维空间的非线性问题转化为高维空间的线性问题。

设有训练样本：$D = \{(x_1, y_1), \cdots, (x_N, y_N), x \in \Re^n, y \in \{-1, 1\}\}$；其中 $x = [x_1, x_2, \cdots, x_N]$ 表示输入，$y = [y_1, y_2, \cdots, y_N]$ 表示对应的目标输出，如式 (3.14) 所示。

$$f(x, w) = \sum_{i=1}^{N} w_i K(x_i, x) + w_0 \qquad (3.14)$$

式中：$K(x_i, x)$ 为核函数；w_i 为不同权重，w_i 取值不为零所对应的 x_i 称为相关向量；y_i 如式 (3.15) 所示。

$$y_i = f(x_i, w) + \varepsilon_i \qquad (3.15)$$

式中：ε_i 服从均值为 0，方差为 σ^2 的高斯分布。

$$p(\varepsilon_i) = \frac{1}{\sqrt{2\pi}\sigma} \exp\left(-\frac{\varepsilon_i}{2\sigma^2}\right) \qquad (3.16)$$

则

$$p(y_i) = \frac{1}{\sqrt{2\pi}\sigma} \exp\left(-\frac{\|y_i - f(x_i, w)\|}{2\sigma^2}\right) \qquad (3.17)$$

假设 $\{y_i\}_{i=1}^{N}$ 是独立同分布的随机变量，则有

$$p(y) = \prod_{i=1}^{N} p(y_i) = (2\pi\sigma^2)^{-\frac{N}{2}} \exp\left(-\frac{\|y - \Phi w\|^2}{2\sigma^2}\right) \qquad (3.18)$$

式中：w 为 w_i 组成的向量；Φ 为各输入参量代入核函数得到的矩阵。

$$w = [w_0, w_1, w_2, \cdots, w_N]^T \qquad (3.19)$$

$$\Phi = \begin{bmatrix} 1 & K(x_1, x_1) & K(x_1, x_2) & \cdots & K(x_1, x_N) \\ 1 & K(x_2, x_1) & K(x_2, x_2) & \cdots & K(x_2, x_N) \\ \vdots & \vdots & \vdots & \ddots & \vdots \\ 1 & K(x_N, x_1) & K(x_N, x_2) & \cdots & K(x_N, x_N) \end{bmatrix} \qquad (3.20)$$

如果直接用最大似然方法求解 w 和 σ^2，得到的 w 值大部分都不为零，会有很多的相关向量，从而导致过学习问题。为了解决这个问题，在 RVM 中假设 w 为落在 0 周围的正态分布，即

$$p(w_i | \alpha_i) = \frac{\alpha_i}{\sqrt{2\pi}} \exp\left(-\frac{w_i^2 \alpha_i^2}{2}\right) \qquad (3.21)$$

$$p(\boldsymbol{w}|\boldsymbol{\alpha}) = \prod_{i=1}^{N} \frac{\alpha_i}{\sqrt{2\pi}} \exp\left(-\frac{w_i^2 \alpha_i^2}{2}\right), \boldsymbol{\alpha} = [\alpha_0, \alpha_1, \cdots, \alpha_N] \qquad (3.22)$$

这样就将求解 $\boldsymbol{w}$ 的问题转化为了求解 $\boldsymbol{\alpha}$ 的问题。

根据随机过程的马尔可夫性质,在已知 $\boldsymbol{y}$ 的条件下,发生 $\boldsymbol{y}_*$ 的概率为

$$\begin{aligned} p(\boldsymbol{y}_*|\boldsymbol{y}) &= \int p(\boldsymbol{y}_*|\boldsymbol{w},\sigma^2) p(\boldsymbol{w},\sigma^2|\boldsymbol{y}) \mathrm{d}\boldsymbol{w}\mathrm{d}\sigma^2 \\ &= \int p(\boldsymbol{y}_*|\boldsymbol{w},\boldsymbol{\alpha},\sigma^2) p(\boldsymbol{w},\boldsymbol{\alpha},\sigma^2|\boldsymbol{y}) \mathrm{d}\boldsymbol{w}\mathrm{d}\boldsymbol{\alpha}\mathrm{d}\sigma^2 \end{aligned} \qquad (3.23)$$

式中:$\boldsymbol{y}_*$ 只和 $\boldsymbol{w}$、σ^2 直接相关,和 $\boldsymbol{\alpha}$ 没有直接关系,因此有

$$p(\boldsymbol{y}_*|\boldsymbol{w},\boldsymbol{\alpha},\sigma^2) = p(\boldsymbol{y}_*|\boldsymbol{w},\sigma^2) = \frac{1}{\sqrt{2\pi}\sigma} \exp\left(-\frac{(\boldsymbol{y}_* - f(\boldsymbol{x}_*,\boldsymbol{w}))^2}{2\sigma^2}\right) \quad (3.24)$$

由贝叶斯定理得

$$\begin{aligned} p(\boldsymbol{w},\boldsymbol{\alpha},\sigma^2|\boldsymbol{y}) &= \frac{p(\boldsymbol{w},\boldsymbol{\alpha},\sigma^2,\boldsymbol{y})}{p(\boldsymbol{y})} \\ &= \frac{p(\boldsymbol{w},\boldsymbol{\alpha},\sigma^2,\boldsymbol{y})}{p(\boldsymbol{\alpha},\sigma^2,\boldsymbol{y})} \frac{p(\boldsymbol{\alpha},\sigma^2,\boldsymbol{y})}{p(\boldsymbol{y})} \\ &= p(\boldsymbol{w}|\boldsymbol{\alpha},\sigma^2,\boldsymbol{y}) p(\boldsymbol{\alpha},\sigma^2|\boldsymbol{y}) \end{aligned} \qquad (3.25)$$

$$\begin{aligned} p(\boldsymbol{w}|\boldsymbol{\alpha},\sigma^2,\boldsymbol{y}) &= \frac{p(\boldsymbol{w},\boldsymbol{\alpha},\sigma^2,\boldsymbol{y})}{p(\boldsymbol{\alpha},\sigma^2,\boldsymbol{y})} \\ &= \frac{p(\boldsymbol{y}|\boldsymbol{w},\boldsymbol{\alpha},\sigma^2) p(\boldsymbol{w},\boldsymbol{\alpha},\sigma^2)}{p(\boldsymbol{y}|\boldsymbol{\alpha},\sigma^2) p(\boldsymbol{\alpha},\sigma^2)} \\ &= \frac{p(\boldsymbol{y}|\boldsymbol{w},\boldsymbol{\alpha},\sigma^2) p(\boldsymbol{w}|\boldsymbol{\alpha},\sigma^2) p(\boldsymbol{\alpha},\sigma^2)}{p(\boldsymbol{y}|\boldsymbol{\alpha},\sigma^2) p(\boldsymbol{\alpha},\sigma^2)} \\ &= \frac{p(\boldsymbol{y}|\boldsymbol{w},\sigma^2) p(\boldsymbol{w}|\boldsymbol{\alpha})}{p(\boldsymbol{y}|\boldsymbol{\alpha},\sigma^2)} \\ &= \frac{p(\boldsymbol{y}|\boldsymbol{w},\sigma^2) p(\boldsymbol{w}|\boldsymbol{\alpha})}{\int p(\boldsymbol{y}|\boldsymbol{w},\sigma^2) p(\boldsymbol{w}|\boldsymbol{\alpha}) \mathrm{d}\boldsymbol{w}} \end{aligned} \qquad (3.26)$$

式中:$p(\boldsymbol{y}|\boldsymbol{w},\sigma^2)$ 和 $p(\boldsymbol{w}|\boldsymbol{\alpha})$ 都具有高斯函数的形式,对式(3.26)计算后可以得到式(3.27)。

$$p(\boldsymbol{w}|\boldsymbol{\alpha},\sigma^2,\boldsymbol{y}) = (2\pi)^{-\frac{N+1}{2}} |\boldsymbol{\Sigma}|^{-\frac{1}{2}} \exp\left[-\frac{(\boldsymbol{w}-\boldsymbol{\mu})^{\mathrm{T}} \boldsymbol{\Sigma}^{-1} (\boldsymbol{w}-\boldsymbol{\mu})}{2}\right] \quad (3.27)$$

$$\boldsymbol{\Sigma} = (\sigma^{-2} \boldsymbol{\Phi}^{\mathrm{T}} \boldsymbol{\Phi} + \boldsymbol{A})^{-1}$$

$$\boldsymbol{\mu} = \sigma^{-2} \boldsymbol{\Sigma} \boldsymbol{\Phi}^{\mathrm{T}} t$$

$$A = \begin{bmatrix} \alpha_0 & 0 & 0 & \cdots & 0 \\ 0 & \alpha_1 & 0 & \cdots & 0 \\ 0 & 0 & \alpha_2 & \cdots & 0 \\ \vdots & \vdots & \vdots & \ddots & 0 \\ 0 & 0 & 0 & \cdots & \alpha_N \end{bmatrix}$$

$$\Omega = \sigma^2 I + \Phi A^{-1} \Phi^{\mathrm{T}} \tag{3.28}$$

经过转化后,式(3.23)变为

$$p(\boldsymbol{y}_*|\boldsymbol{y}) = \int p(\boldsymbol{y}_*|\boldsymbol{w},\boldsymbol{\alpha},\sigma^2) p(\boldsymbol{w}|\boldsymbol{\alpha},\sigma^2,\boldsymbol{y}) p(\boldsymbol{\alpha},\sigma^2|\boldsymbol{y}) \mathrm{d}\boldsymbol{w} \mathrm{d}\boldsymbol{\alpha} \mathrm{d}\sigma^2 \tag{3.29}$$

计算后得

$$p(\boldsymbol{y}_*|\boldsymbol{y}) = \frac{1}{\sqrt{2\pi}\sigma} \exp\left(-\frac{(\boldsymbol{y}_* - \boldsymbol{f}_*)^2}{2\sigma^2}\right) \tag{3.30}$$

其中预测值和方差分别为

$$\boldsymbol{f}_* = \boldsymbol{\mu}^{\mathrm{T}} \phi(\boldsymbol{x}_*) \tag{3.31}$$

$$\sigma_*^2 = \sigma_{\mathrm{MP}}^2 + \phi(\boldsymbol{x}_*)^{\mathrm{T}} \phi(\boldsymbol{x}_*) \tag{3.32}$$

$$\phi(\boldsymbol{x}_*) = [1, K(\boldsymbol{x}_*, \boldsymbol{x}_1), K(\boldsymbol{x}_*, \boldsymbol{x}_2), \cdots, K(\boldsymbol{x}_*, \boldsymbol{x}_N)]^{\mathrm{T}} \tag{3.33}$$

σ_{MP}^2 为 σ^2 的极大似然估计值。RVM 模型中的 $\boldsymbol{\alpha}_{\mathrm{MP}}$($\boldsymbol{\alpha}$ 的极大似然估计值)和 σ_{MP}^2 可以通过式(3.34)的迭代方法求出。

$$\begin{cases} \alpha_i = \dfrac{\chi_i}{\mu_i^2} \\ \sigma^2 = \dfrac{\|\boldsymbol{y} - \boldsymbol{\Phi}\boldsymbol{\mu}\|^2}{N - \sum\limits_{i=1}^{N} \chi_i} \\ \chi_i = 1 - \alpha_i \Sigma_{i,i} \end{cases} \tag{3.34}$$

式中: $\Sigma_{i,i}$ 为矩阵 $\boldsymbol{\Sigma}$ 的对角元素。

以气象探空数据为真值,根据上述模型算法进行青岛地区 1 月份和 7 月份的对流层大气折射率剖面的反演,并与 Hopfield 模型预测结果进行比较,对比结果如图 3-17、图 3-18 所示。从比较结果可以看到,青岛地区冬季的反演预测结果明显好于夏季。相比 Hopfield 模型,基于地基 GNSS 实测对流层延迟的反演模型在 1 月份的均方根误差可以改善 3N 左右,7 月份的均方根误差可以改善 5N 左右,反演剖面与探空剖面一致性更好。

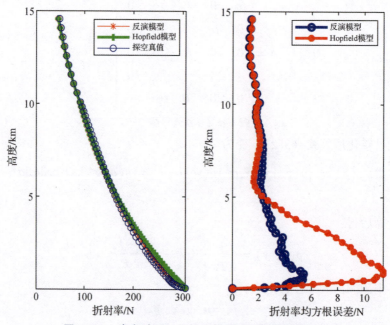

图 3-17 青岛地区 1 月份折射率剖面预测结果对比

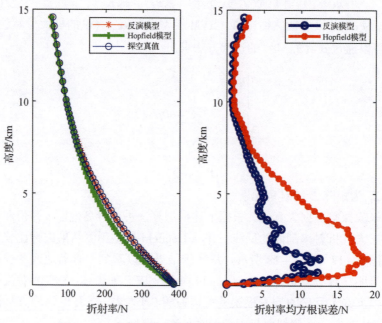

图 3-18 青岛地区 7 月份折射率剖面预测结果对比

3.2 区域对流折射参数监测技术

3.2.1 GNSS 层析区域对流层折射参数反演

对流层斜路径延迟 STD 与大气折射率之间存在如下关系。

$$\text{STD} = 10^{-6} \int_{\text{path}} N \mathrm{d}s \tag{3.35}$$

式中：N 为大气折射率。通过对 GNSS 数据处理得到 STD 后，还无法直接解算式（3.35）所示的积分方程从而得到折射率参数。于是引入层析技术，将整个局域网上空的对流层经度、纬度和大地高方向划分为许多小网格，并假设该网格内的折射率参数在一段时间内（如 30min）为一定值，这样就可以将该积分形式（3.35）转化为求和的形式。因此放置于地面的 GNSS 接收机接收到的 GNSS 组网观测，将形成大量的 STD 观测量，从这些 STD 观测量中，应用层析技术即可得到三维的折射率结构信息，即所谓的 GNSS 组网折射率层析。

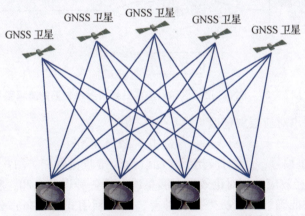

图 3-19 组网 GNSS 观测示意图

基于组网 GNSS 层析区域对流层三维折射率剖面的流程如图 3-20 所示，主要包括求解层析观测量、划分层析网格、建立层析系数矩阵、建立层析观测方程、层析方程解算以及层析结果检验和应用。

1. 求解层析观测量

对于 GNSS 层析对流层三维折射率剖面的应用，层析观测量为 GNSS 信号的斜路径延迟（STD）。从无电离层影响的相位观测方程可知，在卫星的位置和钟差从精密星历中获得的条件下，只要求出接收机坐标、接收机钟差和模糊

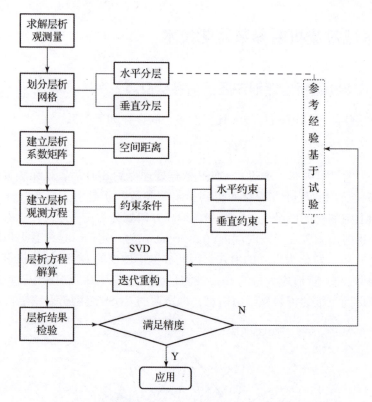

图3-20 GNSS层析区域对流层三维折射率剖面的流程图

度,就可以求出对流层斜延迟。

$$\text{STD}_{ji} = \rho_{ji} + c(dt_j - dT_{ji}) + \Delta\sigma_{ji} \qquad (3.36)$$

式中:j 为卫星编号;i 为对应历元;$cdt_j(t)$ 为接收机钟差;$cdT_{ji}(t)$ 为卫星钟差;$\Delta\sigma_{ji}$ 为多径效应、相对论效应、测量误差等各种误差之和。利用精密单点定位方法获取准确的接收机坐标和钟差,然后利用式(3.36)分别求出对应卫星的对流层斜延迟。

2. 划分层析网格

在进行大气折射率层析之前,必须根据 GNSS 观测网情况划分合理的层析网格。网格划分得越合理,能够使越多的信号射线穿过层析网格,得到更精确合理的层析解。通常每个网格大小尽量不要超过 60km(长)×60km(宽)。图3-21给出了当 GNSS 接收机截止高度角取 15°时观测网格的最大边长。总之,网格分辨率极大地依赖于 GNSS 接收机的几何分布以及观测数据的有效性,过高的分辨率会增加没有射线穿过的网格数量,从而影响层析结果;过低的分辨率只能初步地描述初始场。

图 3-21　单站 GNSS 接收覆盖范围示意图

3. 建立层析系数矩阵

在一定的观测时段内，大量 GNSS 无线电信号穿过网格，就可以得到大量的观测方程，组成层析观测方程组。

如图 3-22 所示，假设第 S 条信号路径穿过 A、B 两个立体方格，信号路径在 A 中的距离为 L_1，在 B 中的距离为 L_2，则第 S 条信号路径上总的折射率即为 A 和 B 两个网格内折射率之和。用矩阵表示如式（3.37）所示。

$$\text{STD}_{AB}^{S} = 10^{-6}(L_1 L_2)\begin{pmatrix} X_1 \\ X_2 \end{pmatrix} \qquad (3.37)$$

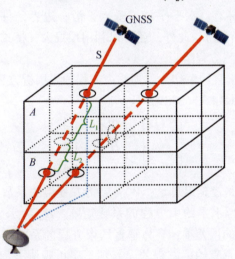

图 3-22　GNSS 信号穿越层析网格示意图

式中：STD_{AB}^{S} 为信号路径 S 上的斜延迟，是 GNSS 层析观测方程的已知量；X_1、X_2 分别为 A、B 网格内的折射率值，是 GNSS 层析观测方程未知量。为便于理解，式（3.37）只给出了层析方程的一种非常简化的形式。实际上 GNSS 观测网上空多颗卫星在一定时间内可以发射多条 GNSS 信号，这些 GNSS 信号同样会穿过多个层析网格，从而形成多个层析观测方程，组成层析观测方程组，用矩阵表示如式（3.38）所示。

$$\begin{bmatrix} \mathrm{STD}_1 \\ \mathrm{STD}_2 \\ \vdots \\ \mathrm{STD}_m \end{bmatrix} = 10^{-6} \begin{bmatrix} a_{11} & a_{12} & \cdots & a_{1n} \\ a_{21} & a_{22} & \cdots & a_{2n} \\ \vdots & \vdots & \ddots & \vdots \\ a_{m1} & a_{m2} & \cdots & a_{mn} \end{bmatrix} \begin{bmatrix} x_1 \\ x_2 \\ \vdots \\ x_n \end{bmatrix} \quad (3.38)$$

式中：矩阵表达式左边 STD_1，STD_2，$\cdots$，STD_m 组成的矩阵为层析观测方程组的观测值，即 m 条信号路径上的折射率值；由 a_{11}，$\cdots$，a_{mn} 等参数组成的矩阵为 GNSS 信号在各层析网格内的距离矩阵，可以通过一定方法计算得到；x_1，x_2，$\cdots$，x_n 组成的矩阵为 n 个层析网格内的折射率值，也是层析方程组的待求参量，通过设计合理的层析算法进行求解。

以上建立的层析系数矩阵，是单纯根据层析问题本身建立的层析方程的系数矩阵，如果直接进行求解，会遇到秩亏问题，其原因是：在某些网格内可能没有信号经过，或者是观测数小于未知数个数，或者是法方程的系数矩阵的条件数太大。因此需要附加约束方程，使层析观测方程组更准确合理，也更容易解算。

常用的约束条件有：水平平滑、垂直平滑、边界条件（例如，把上边界网络上的值定为某个值），此外，还可以利用预报大气模式作为背景场约束。

4. 建立层析观测方程组

将水平约束、垂直约束作为附加约束方程加入层析方程组，形成新的层析方程组，用矩阵表示如式（3.39）所示。

$$\begin{pmatrix} \mathbf{STD} \\ \mathbf{H}_0 \\ \mathbf{V}_0 \end{pmatrix} = \begin{pmatrix} \mathbf{W} \\ \mathbf{H} \\ \mathbf{V} \end{pmatrix} \mathbf{X} + \begin{pmatrix} \mathbf{\Delta}_1 \\ \mathbf{\Delta}_2 \\ \mathbf{\Delta}_3 \end{pmatrix} \quad (3.39)$$

式中：$\mathbf{STD}$ 为倾斜路径延迟总量；$\mathbf{W}$ 为层析方程组的系数矩阵；$\mathbf{\Delta}_1$ 为层析观测方程误差项；$\mathbf{H}$ 为水平约束方程的系数矩阵；$\mathbf{H}_0$ 为水平约束方程的初值；$\mathbf{\Delta}_2$ 为水平约束方程的误差项；$\mathbf{V}$ 为垂直约束方程的系数矩阵；$\mathbf{V}_0$ 为垂直约束方程的初值；$\mathbf{\Delta}_3$ 为垂直约束方程的误差项。层析观测方程组的约束方程很难建立，可以根据实际条件附加约束方程，当两种约束方程都加入时得到的层析结果会更好，更符合大气实际分布情况。

5. 层析观测方程组解算

将加入了约束条件后形成的最终层析模型写成线性方程，如式（3.40）所示。

$$\mathbf{Y} = \mathbf{AX} \quad (3.40)$$

式中：$\mathbf{Y}$ 为层析方程的观测值，即倾斜路径折射率值；$\mathbf{X}$ 为方程未知数，即各网格内待求折射率值；A 为层析方程组的系数矩阵。要想求解 X，涉及到矩阵求逆。由于一定观测时段内形成的层析方程非常多，未知量个数通常也很大，并且由于系数矩阵 A 是欠定矩阵，常规解法不可行，可以采用奇异值分解法（Singular Value Decomposition，SVD）。

假设 A 是个 $m \times n$ 的矩阵，它可以分解为

$$\underset{m \times n}{A} = \underset{m \times m}{U} \underset{m \times n}{\Lambda} \underset{n \times n}{V^{\mathrm{T}}} \tag{3.41}$$

式中：U 为 $m \times m$ 的正交矩阵；Λ 为 $m \times n$ 奇异值对角矩阵，其中元素均为正值，以降序排列；V 为 $n \times n$ 的特征向量正交矩阵。通过对 $[W \ H \ V]^{\mathrm{T}}$ 进行奇异值分解，折射率的最优解如式（3.42）所示。

$$X = V \Lambda^{-1} Y^{\mathrm{T}} \cdot Y \tag{3.42}$$

式中：$Y = [STD \ H_0 \ V_0]$。

6. 层析试验及其结果

根据 GNSS 站点分布，选取经度 109~114°（间隔 1.25°）、纬度 16~26°（间隔 2.5°）、高度地面至 10km（间隔 1km）作为层析区域，图 3-23 画出了当垂直方向取第一层时，层析区域的网格划分及网格编号示意图。

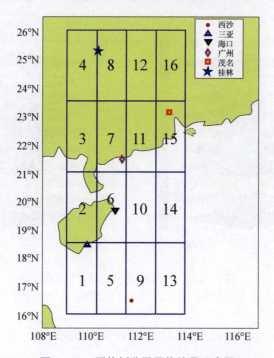

图 3-23 网格划分及网格编号示意图

图 3-24 给出了层析过程中不同观测历元的三维折射率层析结果,基于 GNSS 层析对流层三维折射率剖面的方法能够得到比较准确合理的区域对流层三维折射率分布情况,层析结果符合对流层折射率随高度的变化趋势,能够反映出折射率的水平不均匀性,同时可反映一天中不同时刻的变化情况。

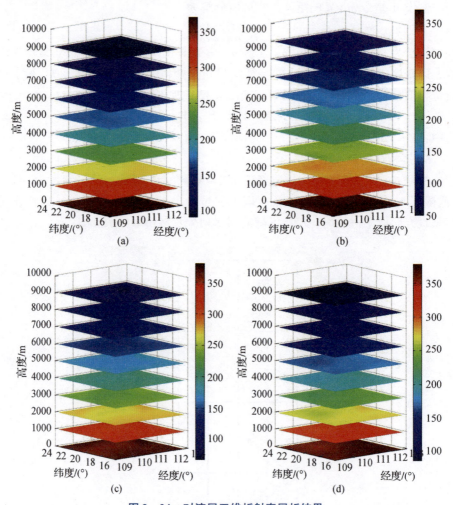

图 3-24 对流层三维折射率层析结果
(a) 观测历元:1400;(b) 观测历元:2800;(c) 观测历元:3700;(d) 观测历元:4300。

3.2.2 基于数值预报区域对流层折射参数反演

对流层三维折射率反演技术在气象背景场数据基础上,应用数值天气模式将气象数据处理到空间三维格点上,数值天气模式的水平、垂直网格区域划分、地形处理、地表方案等处理需要考虑区域复杂地形对对流层电波环境的影响；使用数据同化技术将地面气象站、高空气象站观测数据和单站 GNSS、地面气象等监测数据，优化空间格点上的气象参数，形成一个空间高分辨率的对流层大气三维客观分析场，进一步获取区域对流层三维折射率剖面。

  区域对流层三维折射率是区域对流层大气分布变化的产物，主要受中尺度天气过程的影响，使用中尺度区域数值天气模式（Weather Research Forecast，WRF）的相关模块开展对流层三维折射率反演的工作。WRF 是由美国多家科研机构联合开发的基于业务预报和天气研究需要而开发的新一代中尺度数值天气预报模式。该模式分为（Advanced Research WRF，ARW）和（Nonhydrostatic Mesoscale Model，NMM）两种模块版本，前者是由 NCAR 的中小尺度气象室开发维护，主要用于科学研究，后者多用于预报应用。它采用完全可压缩非静力欧拉方程组，水平网格采用 Arakawa C 网格，可实现单向或双向的多层区域嵌套，垂直坐标采用基于质量的地形追随 η 坐标，η 层可根据需要改变。可设定较高的水平和垂直分辨率，用于几米到数千公里尺度现象的研究，结合数据同化模块，可实现对多种数据的融合同化，可应用在理想模型研究、参数化研究、数据同化研究、预报研究、实时预报、耦合模式应用和教学等领域，目前已在 NCEP、AFWA 等机构应用于实际的业务预报。在世界范围内，对降雨等中尺度天气现象进行预报和研究时被广泛使用，相关研究的结果也表明其对中尺度天气过程的预报模拟效果较好。模式框架包含大气变化的动力过程和物理过程。主要包括一些物理过程方案及在分辨率不够的情况下描述次网格尺度的参数化方案。具体包括：微物理过程方案、大气长波和短波辐射方案、表面陆面物理方案、行星边界层方案、积云参数化方案和浅对流方案等。根据研究对象的空间和时间尺度选择合适的选项。其中物理模式包括描述水汽相变和云物理过程的微物理模式；考虑次网格尺度上积云影响的积云参数化方案，包含从地面的简单热力过程模式到考虑雪面、海冰等影响的土壤和地面植被模式的多层陆面物理模式；运用 2 阶湍流闭合或非局地 K 闭合方案的行星边界层模式；考虑云和地面表层辐射的多频谱长波辐射方案和简单短波辐射方案的大气辐射模式。

  数据同化是集成多源地理空间数据的新思路，其核心思想是把不同来源、不同分辨率、直接和间接的观测数据与模型模拟结果集成，生成具有时间一致性、空间一致性和物理一致性的各种地表状态的数据集。

  目前同化中使用的观测数据种类包括气象探空站、地面站、船舶数据卫星遥感的温度、湿度廓线、海面风资料及 GNSS、雷达、飞机报观测数据。主要的数据同化方法包括变分同化方法（三维变分、四维变分），滤波算法（卡尔曼滤波、集合卡尔曼滤波）和贝叶斯方法（粒子滤波、层次贝叶斯方法）。变分算法、集合卡尔曼滤波等一系列经典数据同化算法被提出，并取得了广泛的应用。进入 21 世纪，以粒子滤波、贝叶斯方法为代表的智能算法相继被引入数据同化领域。综合各类数据同化方法的特点及大气折射率模拟的要求，介绍数据融合分析技术、集合卡尔曼滤波方法和三维变分法。

7. 数据融合分析技术

利用成熟的客观分析技术，如 Cressman 逐步订正方法，对海面多源海面风与海面气温观测数据进行融合，得到较为合理的海面风场与气温场。具体体现为：在数值模式预报结果提供背景场的基础上，利用观测数据进行订正，从而得到一个融合了背景场与观测数据的优化场。

逐步订正实际上是一种反复加权修正方法。一次逐步订正如式（3.43）所示。

$$\phi_{i,j}^{\text{new}} = \phi_{i,j}^{\text{old}} + \left(\sum_{k=1}^{N} W_{i,j}^{k} (\phi^{\text{obs}} - \tilde{\phi})^{k} \right) \Big/ \left(\sum_{k=1}^{N} W_{i,j}^{k} + \varepsilon_{0}^{2} \right) \quad (3.43)$$

式中：ϕ 为变量；上标 new、old、obs、k 分别为订正后、订正前、观测、台站；下标为空间格点；$W_{i,j}^{k}$ 为第 k 个台站对格点 (i,j) 的订正权重系数；N 为台站总数；$\varepsilon_{0}^{2} = E_{o}^{2}/E_{B}^{2}$，$E_{o}^{2}$ 为观测误差；E_{B}^{2} 为背景误差；ϕ^{obs} 为台站观测值；$\tilde{\phi}$ 由 $\phi_{i,j}^{\text{old}}$ 插值到观测点上。

在逐步订正中，权重系数形式一般使用前面提到的 Cressman 公式，但其中的 R 是根据不同气象变量的空间特征尺度而改变的。

$$\begin{cases} W_{i,j} = \dfrac{R - r_{i,j}}{R + r_{i,j}}, & r_{i,j} < R \\ W_{i,j} = 0, & r_{i,j} \geq R \end{cases} \quad (3.44)$$

式中：R 为影响半径；$r_{i,j}$ 为格点 (i,j) 与观测 ϕ^{obs} 之间的距离。

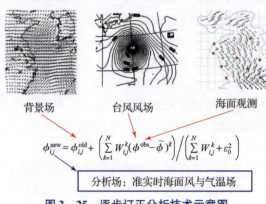

图 3-25　逐步订正分析技术示意图

8. 集合卡尔曼滤波方法

集合卡尔曼滤波方法是一种基于估计理论的数值资料同化方法，它更多地考虑预报结果同观测值的统一，能够克服变分同化中静态背景误差协方差的缺陷。集合卡尔曼滤波（Ensemble Kalman Filter，En-KF）算法是20世纪90年代中期集合预报与卡尔曼滤波方法的结合。它通过蒙特卡罗法计算状态的预报误差协方差，用集合的思想解决了实际应用中背景误差协方差矩阵的估计和预报困难的问题，可以用于非线性系统的数据同化，同时有效降低了数据同化计算量。自 Evensen 提出集合卡尔曼滤波以来，很多以集合为基础的算法相继出现，现在集合卡尔曼滤波已经发展为数据同化领域主流的算法之一，被广泛应用于大气、海洋和陆地数据同化中。集合卡尔曼滤波算法也包含预测和更新2个步骤。集合卡尔曼滤波容易实现，可以并行计算，但是集合卡尔曼滤波实际应用中经常出现滤波发散的问题，表现为随着同化时间的增加分析值将越来越向背景场靠近，最终完全排斥观测数据。

9. 三维变分数据同化方法

变分算法起源于20世纪80年代，变分算法构建代价函数描述状态量分析值和真值之间的差异，利用变分思想把数据同化问题转化为一个极值求解问题。三维变分方法（Three-Dimensional Variational Algorithm，3DVAR）基于最优控制理论用三维分析场上的所有变量构造代价泛函数，通过求函数最小值而得到三维场的最优估计，背景场和观测的误差协方差矩阵通过统计途径获取。1992年 3DVAR 首先在 NCEP 实现业务化，1997年，ECMWF 也实现了 3D 变分的业务化，在2000年前后，美国环境预报中心（NCEP）在业务上实现了三维变分 SSI 的并行化。2004年7月美国国家大气研究中心（National Center for Atmospheric Research，NCAR）推出了包含并行三维变分同化的 WRF 版本。3DVAR 算法现在仍为世界各主要气象中心的业务运行算法，如中国气象局、欧洲中尺度天气预报中心（European Gentre for Medium-Range Weather Forecasts，ECMWF）以及英国气象预报中心。

3DVAR 目前较多使用的数据同化方法。它用三维分析场上的所有变量构造一个代价泛函数，通过求此函数最小值而得到三维场的最优估计，背景场和观测的误差协方差矩阵通过统计途径获取。

为了提高数值预报的准确度，把观测数据同数值预报的结果联合起来而使大气的状况更接近实际的真实状态，WRF 提供了 3DAVAR 数据同化模块 WRFDA。通过此模块同化观测数据提高预报初始场的质量来提高预报水平。WRFDA 模块同 WRF 模式其他模块的关系如图所示，绿框内标示的是 WRFDA 的组成部分。由图中可以看出 WRFDA 包括对初始场的优化和对边界条件的更

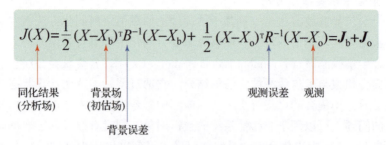

图 3-26　单时次 3DVAR 同化数学表达示意图

新两部分工作。通过这些工作为预报提供更准确的初始场和边界条件,如何更好地同化观测数据和同化更多种类的观测数据已成为目前改善数值天气预报结果的主要手段。

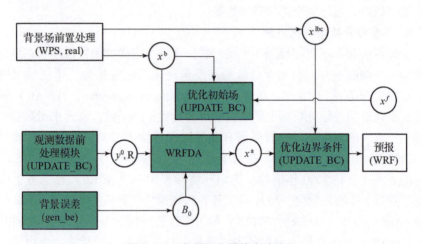

图 3-27　数据同化模块大致流程

图 3-27 中,绿色部分为 WRFDA 模块;x^b 为第一猜值,来自之前的 WRF 的预报结果或 WPS/REAL 的输出结果;x^{lbc} 为边界条件,来自 WPS/REAL 的结果;x^a 为 WRFDA 的分析结果;x^f 为 WRF 的预报结果;y^o 为观测数据,经过 OBSPROC 的预处理;B_0 为背景误差,统计得到;R 为观测误差(观测的系统误差)。

数据同化模块通过同化观测数据提高数值模式预报效果,可处理 WPS 得到的多种观测数据,运用 WRFDA 同化方法是目前较多使用的数据同化方法,也是 WRF 模式的主要同化模块。图 3-28、图 3-29 分别为使用三维变分方法同化气象观测数据前后折射率均方根误差的结果对比。

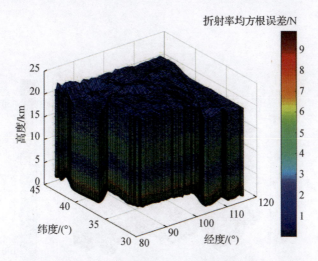

图 3-28　气象数据同化前折射率误差

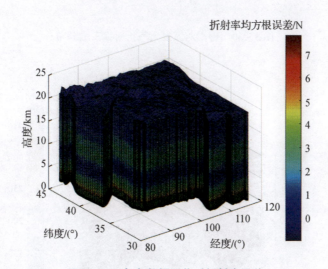

图 3-29　气象数据同化后折射率误差

利用区域内站点的 GNSS 监测数据和星历数据，解算对应的天顶延迟，结合地面气象数据，代入以上构建的区域对流层大气剖面模型；通过多站数据融合技术，进而得到区域内对流层三维大气剖面。如果区域内有对应时刻的气象探空数据，将气象探空数据一并纳入数据融合处理。图 3-30～图 3-34 给出了不同季节某时次区域对流层折射率的三维分布。

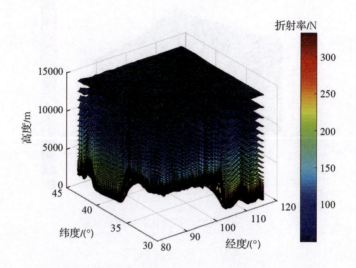

图 3-30　春季对流层大气折射率三维分布

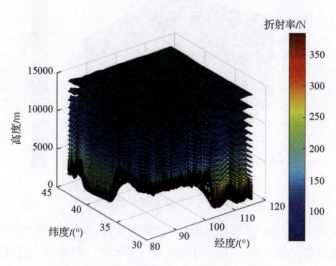

图 3-31　夏季对流层大气折射率三维分布

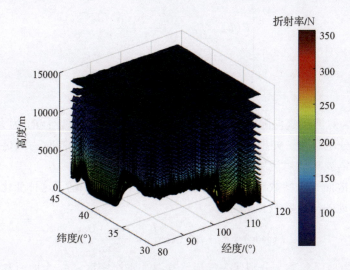

图3-32 秋季对流层大气折射率三维分布

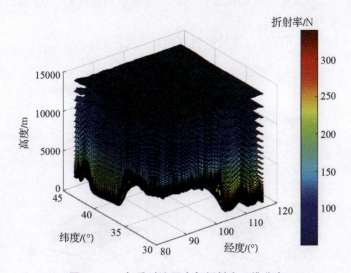

图3-33 冬季对流层大气折射率三维分布

3.2.3 基于多站点再分析数据的区域对流层环境模型

基于历史 FNL 数据,通过对不同区域的对流层大气压强、大气温度、水汽压随高度和时间的统计分析,构建对流层顶高度以下大气剖面模型,模型形式如式(3.45)所示。

$$\begin{cases} P(h) = P_0 \cdot \left(\dfrac{T_0 - \beta \cdot h}{T_0}\right)^{\frac{g}{R_d \cdot \beta}} \\ T(h) = T_0 - \beta \cdot h \\ e(h) = e_0 \left(\dfrac{P(h)}{P_0}\right)^{\lambda+1} \end{cases} \quad (3.45)$$

式中：β 为对流层气温随高度的变化梯度；g 为重力加速度；R_d 为大气常数；λ 为水汽分压常数。如果不具备地面气象数据采集设备，同时为满足数据融合的要求，需要构建对流层地面参数的长期统计模型。

站点地面气象参数有着较强的年度周期变化趋势，基于这种变化趋势，可以建立当地的气象参数预报模型。

$$\xi(\text{Doy}) = \xi_0 + \Delta\xi \cdot \cos\left(2\pi \dfrac{\text{Doy} - \text{Doy}_0}{365.25}\right) \quad (3.46)$$

式中：ξ 为地面参数，分别代表气压、气温、水汽密度；ξ_0 为地面参数统计均值；$\Delta\xi$ 为地面参数统计变化幅度；Doy 为年累积日；Doy_0 为地面参数最大或最小值对应的年累积日。

图 3-34 给出了区域对流层折射率剖面构建示例。

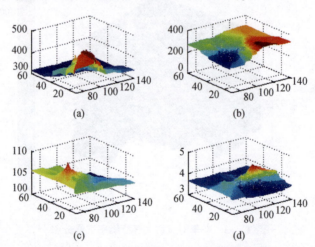

图 3-34 区域对流层折射率剖面构建示例
（a）归算到海平面的折射率；（b）地面折射率；（c）9km 处折射率；（d）30km 处折射率。

参考资料

[1] 叶世榕，张双成，刘经南. 精密单点定位方法估计对流层延迟精度分析 [J]. 武汉大学学报（信

息科学版)，2008，33（8）：788-791.

[2] 朱庆林，赵振维，林乐科，等. 单站地基GPS实时估计电波折射弯曲角[J]. 武汉大学学报（信息科学版），2012，37（6）：671-674.

[3] 林乐科，张业荣，赵振维，等. 一种GPS大气折射率剖面统计反演方法[J]. 电波科学学报，2007，22：182-183.

[4] 林乐科，张业荣，赵振维，等. 微波辐射计探测大气剖面的相关向量机算法[J]. 电波科学学报，2009，24（1）：90-94.

[5] 江鹏. 地基GNSS探测2D/3D大气水汽分布技术研究[D]. 武汉：武汉大学，2014.

[6] 林乐科. 利用GNSS信号的地基大气折射率剖面反演技术研究[D]. 南京：南京邮电大学，2011.

[7] 朱庆林，吴振森，赵振维，等. 单台地基卫星导航接收机测量对流层斜延迟[J]. 电波科学学报，2010（1）：5.

[8] 舒婷婷. 微波辐射计遥感晴空大气廓线方法研究[D]. 西安：西安电子科技大学，2013.

[9] 朱庆林，赵振维，吴振森. 精密单点定位方法测量对流层天顶延迟的精度改善[J]. 武汉大学学报：信息科学版，2009，34（9）：1098-1101.

[10] 朱庆林，孙方，王红光，等. 大气扰动对深空通信天线组阵性能的影响[J]. 电波科学学报，2016，31（6）：1067-1073.

[11] 赵振维，王宁. 微波辐射计反演大气折射率剖面技术研究[J]. 电波科学学报，2010，25（1）：132-138.

[12] 李江漫. 地基微波辐射计定标技术及大气被动遥感研究[D]. 西安：西安电子科技大学，2014.

[13] 朱庆林. 基于单站地基GNSS的电波折射参数估计[D]. 西安：西安电子科技大学，2010.

[14] DONG X, SUN F, ZHU Q, et al. Tropospheric refractivity profile estimation by GNSS measurement at China big-triangle points[J]. Atmosphere, 2021, 12（12）：1601.

[15] 陈后财. 水汽辐射计及其在大气延迟测量中的应用研究[D]. 南京：南京信息工程大学，2022.

[16] 王红光. 地基GNSS掩星反演对流层大气波导的方法和实验研究[D]. 西安：西安电子科技大学，2013.

[17] 张守宝. 高压系统影响下黄海海雾的形成机制研究[D]. 青岛：中国海洋大学，2010.

第4章　电离层折射参数监测技术

目前，电离层电波环境的传播预测与修正模型也已相当成熟，电离层电波折射误差修正的关键在于实时高精度掌握电离层环境的结构及其参量数据，这对导航定位、天基测控、航天器安全、战略预警等领域具有重要意义，做好电离层折射环境的感知与监测工作对于提升电离层折射修正精度来说至关重要。本章系统介绍了当前电离层大气折射参数探测手段，结合不同探测手段获取的电离层折射参数监测数据，给出了区域电离层折射参数实时高精度监测方法。

4.1　电离层大气折射参数探测手段

4.1.1　电离层垂测仪

电离层垂直探测是最早的电离层探测手段，电离层的存在最早就是由电离层垂直探测加以验证的。用于电离层垂直探测的设备即电离层垂测仪，通过探测电离层等效高度和临界频率来描述电离层分层结构。当前，电离层垂直探测仪依然是最为常用的电离层探测手段之一。长期以来，国内外先后构建了一系列的电离层垂测网，累积了大量的电离层观测数据，为电离层研究、建模及应用提供了重要的数据支撑。图4-1给出了电离层垂测仪室外发射天线外观图。

电离层垂测仪由一套发射机和一套接收机组成，探测时利用一定功率的发射机从地面垂直向上发射高频无线电脉冲信号，发射机发射信号的频率一般在 0.5~30MHz 之间，采用脉冲扫频工作模式，由于电离层的反射作用，接收机会接收到时延回波信号，通过噪声和干扰信号滤除处理，得到信号反射虚高 h' 频率 f 的关系曲线，这就是所谓的垂测电离图（Ionogram）。垂测电离图是电离层垂测仪垂直探测电离层的图形记录，表示了电离层能反射的频率与对应的

图 4–1　数字测高仪室外发射天线

反射高度的关系。要从垂测电离图中获取电离层的相关特征参量，首先需要做的工作即电离图判读。经过判读后的垂测电离图可以获得电离层不同层高对应的临界频率 f_oE、f_oF_1、f_oF_2、反射虚高 $h'E$、$h'E_S$、$h'F_1$、$h'F_2$ 等参数；同时经过进一步的反演，进而得到电离层电子密度剖面信息。如图 4–2 所示为电离层垂测仪白天、夜间实测获取的电离图。

由于磁离子分裂现象，电离图中通常会出现两种回波描迹，即通常所说的 X 波描迹和 O 波描迹，在高纬获取的电离图中还会出现 Z 波描迹，它的特点是反射高度高于 O 波描迹。在电离图中获取的虚高 h' 并非电离层真实的反射高度，它是光速乘于信号反射时间得到，一般情况下，虚高要比实高更高些，虚高计算如式 (4.1) 所示。

$$h' = \frac{1}{2}c\tau \tag{4.1}$$

$$\tau = 2\int_0^{h_r} \frac{\partial k}{\partial \omega}dh \approx \frac{2}{c}\int_0^{h_r} \frac{\partial(\mu f)}{\partial f}dh \tag{4.2}$$

综合式 (4.1) 和式 (4.2) 可得

$$h'(f) = \int_0^{h_r} \mu_g(N_e(h), B(h), f)dh \tag{4.3}$$

当扫频信号的频率接近电离层最大临界频率时，由于积累效应，电离图中的虚高会变得非常大。

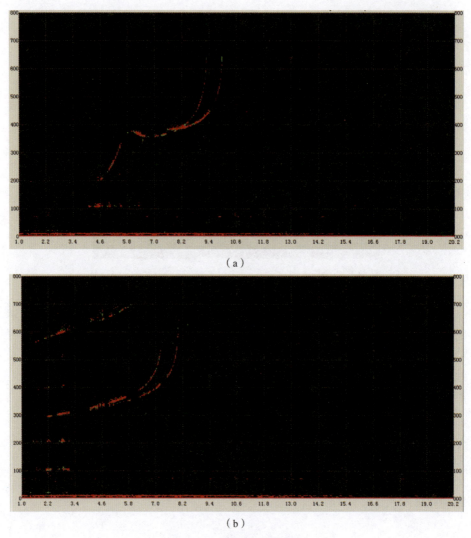

图 4–2 地基垂测电离图

(a) 白天地基垂测电离图；(b) 夜间地基垂测电离层图。

4.1.2 GNSS 电离层 TEC 与闪烁监测仪

GNSS 信号从卫星到接收机要穿过电离层，则会受到电离层色散的影响，利用双频 GNSS 信号可实现 GNSS 接收机与卫星链路电离层 TEC 的信息提取。当无线电波穿越电离层电子密度不均匀体时，由于不均匀体对无线电波的散射而产生的幅度、相位、极化和到达角的快速随机变化即为电离层闪烁现象，因此可以通过监测 GNSS 信号幅度和相位的变化实现电离层闪烁监测。图 4-3 给出了中国电波传播研究所研制的 GNSS 电离层 TEC 与闪烁监测仪。

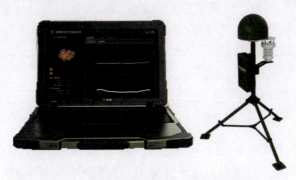

图 4-3　GNSS 电离层 TEC 与闪烁监测仪

1. 基于 GNSS 实现电离层 TEC 监测

1) GNSS 电离层传播延迟及 TEC 估计原理

在进行伪距测量时，GNSS 测距码在电离层中以群速度 v_g 进行传播，若利用 GNSS 测距码测得的信号传播时间为 Δt，则 GNSS 接收机到卫星的真实距离 ρ 如式 (4.4) 所示。

$$\rho = \int_{\Delta t} v_g \mathrm{d}t = \int_{\Delta t} c\left(1 - 40.28\frac{n_e}{f^2}\right)\mathrm{d}t$$

$$= c\Delta t - \frac{40.28}{f^2}\int_{s'} n_e \mathrm{d}s = P_P - \frac{40.28}{f^2}\int_{s'} n_e \mathrm{d}s \tag{4.4}$$

式中：P_P 为伪距测量的 GNSS 卫星到接收机的距离。

同样，在进行载波相位测量时，GNSS 载波信号在电离层中以相速度 v_P 进行传播，若利用 GNSS 载波相位测得的信号传播时间为 Δt，则 GNSS 接收机到卫星的真实距离 ρ 为

$$\rho = \int_{\Delta t} v_P \mathrm{d}t = \int_{\Delta t} c\left(1 + 40.28\frac{n_e}{f^2}\right)\mathrm{d}t = c\Delta t + \frac{40.28}{f^2}\int_{s'} n_e \mathrm{d}s$$

$$= \varphi\lambda + N\lambda + \frac{40.28}{f^2}\int_{s'} n_e \mathrm{d}s = P_L + \frac{40.28}{f^2}\int_{s'} n_e \mathrm{d}s \tag{4.5}$$

式中：φ 和 N 分别为载波相位测量所得的相位差和模糊度；P_L 为载波相位测量的 GNSS 接收机到卫星的距离。式 (4.4) 和式 (4.5) 表明受电离层延迟的影响，利用 GNSS 测距码获得的伪距测量结果要比真实距离大，利用 GNSS 载波相位获得的相位测量结果要比真实距离小。

用 TEC 表示信号穿过电离层的总电子含量，即

$$\text{TEC} = \int_{s'} n_e \mathrm{d}s \tag{4.6}$$

由式（4.6）可知，电离层总电子含量 TEC 通过信号沿传播路径 s' 对电离层电子密度 n_e 积分获得，单位为 $10^{16}/m^2$。电离层对 GNSS 信号伪距和相位的延迟量与电离层总电子含量 TEC 关系式为

$$\Delta P = P_P - \rho = +40.28 \frac{\text{TEC}}{f^2}(m) \tag{4.7}$$

$$\Delta L = P_L - \rho = -40.28 \frac{\text{TEC}}{f^2}(m) \tag{4.8}$$

由式（4.7）和式（4.8）可知，电离层对 GNSS 信号伪距和相位的延迟量受信号传播路径上电离层总电子含量 TEC 和信号自身频率 f 的影响，其大小相等但符号相反。一方面 GNSS 利用电离层色散介质特点通过 GNSS 两个频点的线性组合，可消除电离层延迟对 GNNS 信号的影响；另一方面利用 GNSS 不同频点穿过电离层延迟不同，可以反演出 GNNS 信号传播路径的 TEC。

对两个频率 L_1 和 L_2 的测距伪距观测量即为

$$P_1 = \rho + \Delta_{P_1} + c \times \mathrm{d}t^r - c \times \mathrm{d}t^s + \rho_{\text{trop}} + \Delta_{\text{ele}} + \Delta_{\text{eph}} + M_c \tag{4.9}$$

$$P_2 = \rho + \Delta_{P_2} + c \times \mathrm{d}t^r - c \times \mathrm{d}t^s + \rho_{\text{trop}} + \Delta_{\text{ele}} + \Delta_{\text{eph}} + M_c \tag{4.10}$$

式中：ρ 为 GNSS 信号从 GNSS 接收机到卫星的几何距离；c 为光速；$\mathrm{d}t^r$ 和 $\mathrm{d}t^s$ 分别为接收机钟差和卫星钟差；ρ_{trop} 为 GNSS 信号在对流层传播路径上的对流层延迟量；M_c 为测距码伪距的多径效应；Δ_{P_1} 和 Δ_{P_2} 分别为 GNSS 测距码 L_1 和 L_2 信号在电离层传播路径上的电离层延迟量；Δ_{ele} 为 GNSS 卫星和接收机总硬件延迟；Δ_{eph} 为不同 GNSS 卫星星历误差引入的误差。

由式（4.7）、式（4.9）和式（4.10）通过双频测距码解算的伪距 TECP 关系式为

$$\text{TECP} = \frac{(P_2 - P_1) f_1^2 f_2^2}{40.28(f_1^2 - f_2^2)} \tag{4.11}$$

同样，对于双频载波相位解算的相位 TECL 关系式为

$$\text{TECL} = \frac{[(\lambda_1 \varphi_1 + \lambda_1 N_1)/f_1 - (\lambda_2 \varphi_2 + \lambda_2 N_2)/f_2] \times c \times f_1^2 f_2^2}{40.28(f_1^2 - f_2^2)} \tag{4.12}$$

由式（4.11）和式（4.12）可知，利用测距码观测量获得的伪距 TECP 为绝对量，利用载波相位观测量获得的相位 TECL 为相对量，由于相位 TECL 存在整周模糊度的问题，计算时需要考虑消除周跳对 TEC 反演结果的影响。受测距码和载波相位观测量自身测量精度影响，相位 TECL 精度很高，伪距 TECP 精度较差。通过伪距 TECP 和相位 TECL 联合求解，即在相位 TECL 的基

础上加一个常数 B_n,可以得到高精度的绝对 TEC。在不考虑伪距噪声随卫星仰角变化的前提下,在一次卫星连续过顶弧内,B_n 为各观测点的伪距观测量与载波相位观测量之差的算术平均值,即

$$B_n = \sum_{i=1}^{N}(\text{TECP}_i - \text{TECL}_i)/N \tag{4.13}$$

式中:N 为一次卫星过顶的有效采样次数。绝对 TEC 为

$$\text{TEC}_i = \text{TECL}_i + B_n \tag{4.14}$$

在观测过程中,接收信号的噪声与卫星的仰角、接收机的型号以及接收机跟踪卫星的方式(有码、无码)有关。当考虑到这些因素时,B_n 的表达式为

$$B_n = \sum_{i=1}^{N}\frac{1}{\delta_i^2}(\text{TECP}_i - \text{TECL}_i) \Big/ \sum_{i=1}^{N}\frac{1}{\delta_i^2} \tag{4.15}$$

式中:δ_i 为与卫星的仰角、接收机型号及跟踪方式有关的权重因子。

2)基于卡尔曼滤波算法估计硬件延迟方法

地基单站 GNSS 反演电离层电子密度廓线技术首先利用电离层色散介质特性,基于双频 GNSS 观测信号,采用卡尔曼滤波算法估计并剔除硬件延迟,利用载波相位平滑伪距方法精确计算电离层总电子含量 TEC。图 4-4 给出了地基单站 GNSS 探测电离层参数原理示意图。

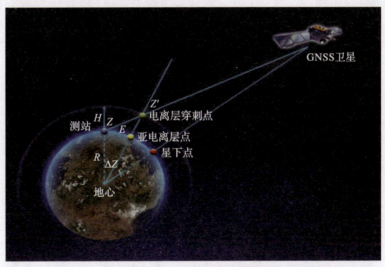

图 4-4 地基单站 GNSS 探测电离层参数原理示意图

基于基地 GNSS 实现电离层 TEC 监测流程大致如下。

第一步:首先读入电离层观测数据,并对数据预处理。

第二步:利用相位平滑伪距,计算不同卫星到接收机各路径上电离层电子含量 TEC(包含系统硬件延迟)。

第三步：利用卡尔曼滤波方法估计并剔除系统硬件误差，得到各路径电离层电子含量 TEC。

第四步：利用卫星导航文件计算各卫星穿过单层电离层的 IPP 点经纬度，并利用 Kriging 插值，计算站点上空垂电离层 VTEC。

采用卡尔曼滤波算法对 GNSS 系统硬件延迟进行精确估计，该方法是一种具有严格数学理论基础的预报 – 校正统计方法，能够不断地将观测资料同化到动态系统中，以数值模式为动力约束条件，在使观测和模式结果误差方差达到最小的条件下，得到基于以前和当前观测的系统变化的最优化线性估计。Kalman 滤波递推算法为

$$\begin{cases} \boldsymbol{X}(k,k-1) = \boldsymbol{M}(k,k-1)\boldsymbol{X}(k-1) \\ \boldsymbol{P}(k,k-1) = \boldsymbol{M}(k,k-1)\boldsymbol{P}(k-1)\boldsymbol{M}^{\mathrm{T}}(k,k-1) + \boldsymbol{Q}(k) \\ \boldsymbol{K}(k) = \boldsymbol{P}(k,k-1)\boldsymbol{H}^{\mathrm{T}}(k)[\boldsymbol{H}(k)\boldsymbol{P}(k,k-1)\boldsymbol{H}^{\mathrm{T}}(k) + \boldsymbol{R}(k)]^{-1} \\ \boldsymbol{X}(k) = \boldsymbol{X}(k,k-1) + \boldsymbol{K}(k)[\boldsymbol{Z}(k) - \boldsymbol{H}(k)\boldsymbol{X}(k,k-1)] \\ \boldsymbol{P}(k) = [\boldsymbol{E} - \boldsymbol{K}(k)\boldsymbol{H}(k)]\boldsymbol{P}(k,k-1) \end{cases} \quad (4.16)$$

式中：$\boldsymbol{X}(k)$ 为系统硬件延迟；$\boldsymbol{M}(k)$ 为状态转移矩阵；$\boldsymbol{P}(k)$ 为误差矩阵。假设系统噪声 $\boldsymbol{W}(k)$ 和量测噪声 $\boldsymbol{V}(k)$ 都满足均值为零的白噪声，并根据电离层变化对系统噪声序列方阵 $\boldsymbol{Q}(k)$、测量噪声误差阵 $\boldsymbol{R}(k)$ 给予二者合理的估计值。

图 4 – 5 ~ 图 4 – 8 给出了不同纬度连续 7 天本方法提供的电离层 VTEC 结果和 IGS 提供的电离层 VTEC 结果对比。

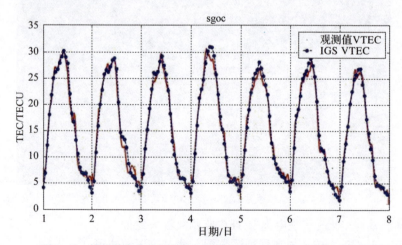

图 4 – 5　模式输出电离层 VTEC 值与 IGS sgoc 站（北纬 6.89°）电离层 VTEC 值对比图

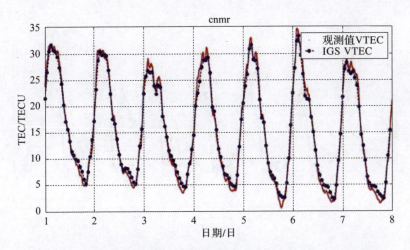

图4-6 模式输出电离层 VTEC 值与 IGS cnmr 站（北纬15.23°）
电离层 VTEC 值对比图

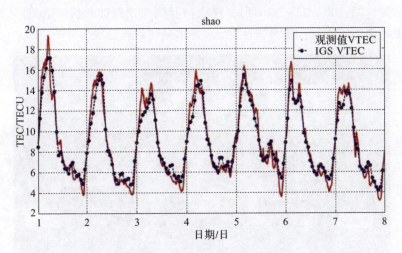

图4-7 模式输出电离层 VTEC 值与 IGS shao 站（北纬31.10°）
电离层 VTEC 值对比图

2. 基于 GNSS 实现闪烁监测

电离层闪烁是由电离层不均匀体引起的，该不均匀体一般出现在高度 250~400km 的 F 层内。不均匀体主要通过对无线电波的前向散射和衍射，造成接收机端信号不再稳定，在幅度、相位和到达角上产生快速波动，同时改变其相关性。图4-9 给出了电离层闪烁对 GPS L_1(1575.42 MHz) 和 L_2(1227.6 MHz) 信号的影响。可看出，电离层闪烁发生前，电波信号呈现为平稳的曲线，闪烁

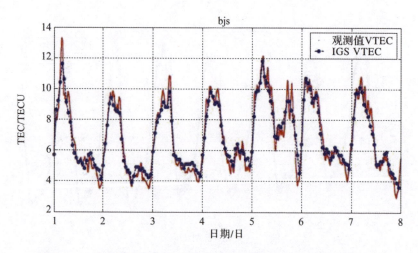

图 4-8　模式输出电离层 VTEC 值与 IGS bjfs 站（北纬 39.61°）
电离层 VTEC 值对比图

发生期间（21：00~22：30 UT），接收信号则出现快速起伏。电离层闪烁会影响卫星通信的质量，强闪烁时甚至会导致某些频段卫星信号的中断。

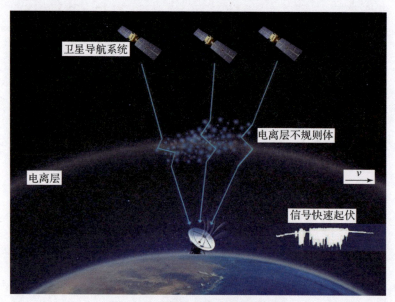

图 4-9　卫星信号电离层闪烁示例

采用电离层闪烁指数 S_4 描述电离层闪烁的强度，定义为一定时间间隔内接收功率的标准偏差与平均接收功率之比，即

$$S_4 = \left(\frac{\langle I^2 \rangle - \langle I \rangle^2}{\langle I \rangle^2}\right)^{\frac{1}{2}} \tag{4.17}$$

式中：I 为信号强度；符号 $\langle \cdot \rangle$ 为统计平均。

根据 S_4 指数大小，将闪烁分为以下等级：当 $S_4 < 0.1$ 时为无闪烁；$0.1 \leqslant S_4 < 0.3$ 时为弱闪烁；$0.3 \leqslant S_4 < 0.6$ 时为中等强度闪烁；$S_4 \geqslant 0.6$ 时为强闪烁。

闪烁指数 S_4 与无线电波频率相关，特别是对 3GHz 以下频段信号影响最为显著。对于弱闪烁和中等强度闪烁，闪烁指数 S_4 与 $f^{-\nu}$ 有较好的相关性，在大部分频率情况下，ν 可取 1.5；对于强闪烁，由于多次强烈散射的影响，试验观测到因子 ν 有所减小，当 S_4 趋近于 1 时，幅度呈瑞利分布。

全球电离层闪烁长期观测及统计分析表明，电离层闪烁具有以下特性。

①电离层闪烁的出现时间受太阳活动等外部因素影响很大，一般在日落后 1h 或稍后直到午夜前出现，常出现于 19：00～06：00 时段。

②太阳活动高年较太阳活动低年，全球电离层闪烁发生的强度大，且发生的频率高，在太阳活动高年的春秋分季（即 3～4 月和 9～10 月），电离层闪烁更加强烈。

③从地理位置分布来看，闪烁常发生在地磁赤道附近（地磁纬度 ±20° 以内）；其次是高纬度区域，如极光区和极盖区。在中纬度区域，电离层闪烁较少发生，且强度较弱，一般在地磁暴等异常情况下才会发生电离层闪烁。

4.1.3 电离层探针

电离层探针具有很多优越性，它具有较高的空间分辨率，既可进行顶部探测，也可进行底部探测，还可探测到电离层的精细结构。研究电离层对电波传播影响最常用的是电离层探针，它可测量电离层的电子密度和温度，还可探测到地面测高仪难于探测的 D 层及 E 层和 F 层之间的谷区。

高分辨率朗缪尔探针为电离层探针一种，其主要功能是通过多探针测量电离层等离子体中电压与电流，通过差分计算原理，获取高空间分辨率的原位测量电子密度，为背景电离层探测和小尺度电离层扰动结构探测提供数据源，高分辨率朗缪尔探针尺寸及实物外观如图 4 – 10 和图 4 – 11 所示。

图 4 – 10　高分辨率朗缪尔探针尺寸图

图 4-11　高分辨率朗缪尔探针实物外观展示图

4.1.4　大功率散射雷达

　　大功率散射雷达是电离层探测最强有力手段，散射雷达发射信号频率一般在数十兆至数百兆赫兹之间，依据接收的是相干或非相干散射波回波，大功率散射雷达可分为相干散射雷达和非相干散射雷达两种。前者可利用回波的多普勒频移以及它与入射角的关系、散射强度及其变化等信息推演有关不规则结构的漂移速度，相应的电场和风等信息；而后者利用电离层中电子和离子的随机热运动对入射电磁波的微弱散射来遥测电离层的物理参数，可以提供整个电离层 E 区和 F 区的电子密度、等离子体漂移速度、电子和离子温度等资料，此外，还可提供离子成分、中性大气温度、中性风以及电场的信息。若结合磁层顶或磁尾观测数据，高纬度地区大功率散射雷达可用于研究高纬电离层电场、电流对磁层扰动的影响。但大功率散射雷达建造和运行费用昂贵，目前世界上只有 10 台左右，且已有的非相干散射雷达主要集中在欧美日俄等发达国家。2012 年中国电波传播研究所在云南昆明建成了国内首套非相干散射雷达，目前我国在运行探测甚高频（VHF）非相干散射雷达共有三部，分别是海南三亚地区（中科院）、武汉地区（武汉大学）、昆明地区（电波所）。

　　对于甚高频（VHF）和超高频（UHF）信号，当其遇到电子密度不均匀体时，被散射的信号满足 Snell 定律，其前向散射信号较强，而后向散射信号极弱，雷达接收到的回波信号很弱。为了使大部分散射信号沿原路返回被雷达接收，入射波在遇到电子密度不均匀体时，必须与它的长轴垂直，即与地磁场垂直，在低纬地区，由于电离层电子密度不均匀体的空间排列方式与高纬地区不同，沿磁力线南北方向排列，所以雷达波束只能沿东、西两个方向照射。

图 4-12　中国电波传播研究所观测站非相干散射雷达

4.1.5　流星雷达

流星雷达是最近发展起来的临近空间大气重要探测手段，所采用的无线电波长在 1~8m，当波长小于 1m 时电波能直接穿过流星余迹，当波长大于 8m 时电波则受到余迹散射而产生衍射。它通过观测流星余迹的散射回波来反演该区域的大气环境信息，当流星雷达的天线波束垂直于流星余迹时，可接收到大多数流星的回波。可以探测 70~110km 的大气风场剖面和 90km 附近的大气温度。同时流星雷达也可以用于研究与流星相关的天文学问题，如流星的速度和轨道等，排除了以前对于某些流星来自星际空间的猜想，完全肯定了所有流星体都是太阳系成员。图 4-13 给出了中国电波传播研究所研制的流星雷达天线阵，图 4-14 所示为该天线阵观测到的流星分布界面图。

图 4-13　流星雷达天线阵

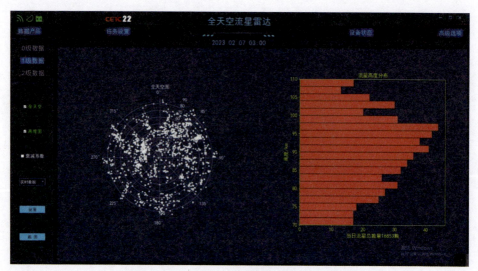

图 4-14　流星雷达观测的流星分布界面

4.1.6　GNSS 电离层掩星

GNSS 电离层掩星是一种可对全球电离层进行长期、稳定、经济探测的新手段。该手段利用电离层对无线电波传播的效应来探测电离层，通过在一颗低轨卫星上安装宽视角多通道 GNSS 接收机，在较低仰角的情况下接收 GNSS 卫星发射的信号。如果获取两颗卫星的位置和速度，便能求取它们之间的大气延迟，由于这种特殊的几何关系，GNSS 电离层掩星不仅可以测量沿路径的电子总含量和闪烁，还可以用于反演电离层电子密度剖面。

用于掩星观测一般为低轨 LEO 卫星，这些卫星轨道高度约 400~800km，倾角在 70°~90°之间。其中比较著名的包括德国的 CHAMP（CHAllenging Minisatellite Payload）卫星、美国与我国台湾合作的 COSMIC（Constellation Observing System for Meteorology, Ionosphere and Climate）卫星，美国和德国合作的 GRACE（Gravity Recovery and Climate Experiment）卫星等。相比于传统电离层测量，掩星可以覆盖非常广的区域，包括海洋和沙漠区域，同时具有垂直分辨率较高的特点。

对于 LEO 卫星接收的 GNSS 掩星测量信号，根据 GNSS 卫星和 LEO 卫星的径向单位向量和无线电信号路径单位向量之间的关系，同时附加多普勒频移为

$$\Delta f = \frac{f}{c}[(v_G \cdot e_G - v_L \cdot e_L) - (v_G \cdot e - v_L \cdot e)]$$

$$= \frac{f}{c}[\boldsymbol{V}_\text{L} \cdot \boldsymbol{T}_\text{L} - \boldsymbol{V}_\text{G} \cdot \boldsymbol{T}_\text{G}(\boldsymbol{V}_\text{L} \cdot \hat{\boldsymbol{r}}_\text{LG} - \boldsymbol{V}_\text{G} \cdot \hat{\boldsymbol{r}}_\text{LG})] \tag{4.18}$$

式中：下标 L 为 LEO 卫星；下标 G 为 GNSS 卫星；$\hat{\boldsymbol{r}}_\text{LG}$ 为 LEO 卫星与 GNSS 卫星间的单位矢量；$\boldsymbol{T}$ 为信号传播方向矢量；$\boldsymbol{V}$ 为速度矢量，$\frac{f}{c}(\boldsymbol{v}_\text{G} \cdot \boldsymbol{e}_\text{G} - \boldsymbol{v}_\text{L} \cdot \boldsymbol{e}_\text{L})$ 为光程路径的多普勒频移量，$\frac{f}{c}(\boldsymbol{v}_\text{G} \cdot \boldsymbol{e} - \boldsymbol{v}_\text{L} \cdot \boldsymbol{e})$ 为信号在真空中的多普勒频移量。各变量如图 4-15 所示。

附加相位 ΔL 和附加多普勒频移 Δf 关系为

$$\frac{\Delta f}{f} = \frac{1}{c} \frac{\mathrm{d}\Delta L}{\mathrm{d}t} \tag{4.19}$$

式中：f 为信号频率；c 为光速。

通常 GNSS 卫星和 LEO 卫星高度处的电子密度非常低，为简便起见，GNSS 卫星和 LEO 卫星处的大气折射指数可以近似为 1，即 $n_\text{GGS} = n_\text{LO}$，由 Bouguer 公式，碰撞因子为

$$a = r_\text{GGS}\sin\phi_\text{GGS} = r_\text{LO}\sin\phi_\text{LO} \tag{4.20}$$

通过求解 ϕ_GGS 和 ϕ_LO，从而计算得到掩星传播路径弯曲角 α 为

$$\alpha = \theta - \phi_\text{GGS} - \phi_\text{LO} - \pi \tag{4.21}$$

利用附加多普勒频移公式，结合已知的 GNSS 卫星和 LEO 卫星的位置和速度，展开并联立式（4.20）和式（4.21），通过迭代求解，可计算得到信号传播过程中的弯曲角。

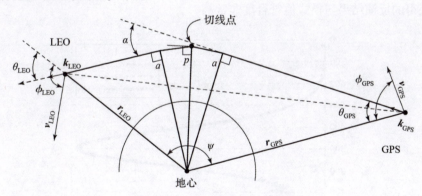

图 4-15 掩星观测几何示意图

基于球对称假设，即假定电离层折射指数只存在高度方向变化的条件下，基于 Abel 公式，弯曲角与电离层折射指数关系为

$$\alpha(a) = -a\left[\int_a^{x_{GSS}} + \int_a^{x_{LO}}\right]\frac{1}{\sqrt{x^2-a^2}}\frac{d\ln(n)}{dx}dx \qquad (4.22)$$

式中：$x = nr$。忽略 LEO 高度以上电离层引起的弯曲，Abel 公式简化形式为

$$\alpha(a) = -2a\int_a^{\infty}\frac{1}{\sqrt{x^2-a^2}}\frac{d\ln(n)}{dx}dx \qquad (4.23)$$

再次利用 Abel 积分逆变换，可以得到折射指数。

$$\ln(n(x)) = \frac{1}{\pi}\int_x^{\infty}\frac{\alpha(a)}{\sqrt{a^2-x^2}}da \qquad (4.24)$$

根据折射指数与电离层电子密度间的近似关系，最终得到掩星测量的电子密度剖面为

$$N_e = \frac{f^2}{40.31}(1-n) \qquad (4.25)$$

除了弯曲角反演电子密度，利用掩星接收机经过数据处理后标定过的 TEC 反演电子密度剖面也是掩星数据处理常用的一类方法，即

$$N_e(r) = -\frac{1}{\pi}\int_r^{r_{LEO}}\frac{dTEC(a)/da}{\sqrt{a^2-r^2}}da \qquad (4.26)$$

式中：a 为碰撞高度；$TEC(a)$ 为 LEO 掩星接收机与 GNSS 之间的电离层 TEC 值。应该指出的是，球对称假设是掩星电子密度反演最为重要的误差来源之一。为计算路径电子总含量，需计算载波相位延迟差，主要有 L1 – L2、L1 – L5、L2 – L5 三种组合。图 4 – 16 给三种组合下的反演结果比较，三种组合方式获得的反演结果与模式值符合度非常高。

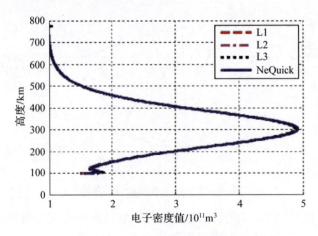

图 4 – 16　电子密度廓线反演结果

4.2 区域电离层折射参数监测技术

4.2.1 GNSS 层析区域电离层折射参数监测

1. GNSS 层析电离层三维电子密度剖面原理

电离层层析成像是一种利用选定区域内 GNSS 卫星和接收机传播路径上的电离层 TEC 信息反演获取该区域内电离层电子密度时空分布的技术，如图 4-17 所示。由于电离层空间尺度较大，通常层析高度范围为 100~1000km，各个 GNSS 观测站间距可以视不同情况选取在 50~300km 之间。由于电离层沿纬度方向的变化明显大于沿经度方向的变化，因此通常在划分层析网格时，沿经度方向的间隔可以相对大些。

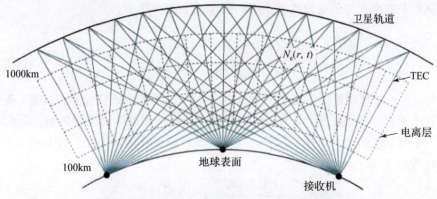

图 4-17 地基 GNSS 组网层析电离层示意图

由于 GNSS 卫星的运行周期较长，为了获得尽可能多的投影数据，反演时 GNSS 数据的取样间隔不能太短。由于 GNSS 卫星属于高轨卫星系统，其信号传播路径的高度角通常较大，加之各种 GNSS 观测网络中接收机分布的几何条件的限制，在电离层电子密度反演过程中，如果仅仅利用地基 GNSS 的斜距电离层 TEC 值重构电离层电子密度的分布图像，其垂直分辨率通常较低。由于 GNSS 电离层掩星（4.1.6 节）观测射线以近乎水平方向传播，在电离层电子密度水平梯度可以忽略的前提下，利用 GNSS 电离层掩星技术可以获得高分辨率的电离层电子密度垂直剖面。在电离层层析过程中，将 GNSS 掩星观测与地面 GNSS 观测结合起来联合进行电离层电子密度反演，可在一定程度上弥补电离层层析中地基 GNSS 数据的不完备问题，能够明显地改善电离层垂直结构的分辨率。

利用 GNSS 卫星信号进行电离层层析成像过程中，GNSS 卫星与接收机信

号传播路径电离层 TEC 为

$$\text{TEC} = \int_l N_e(r,t)\,\mathrm{d}s \tag{4.27}$$

式中：$N_e(r,t)$ 为 t 时刻信号传播路径 r 位置处的电离层电子密度；l 为 GNSS 卫星与接收机信号传播路径。为了反演方便，通常将待反演的区域进行电离层离散化处理，将待反演区域按经度、纬度、高度方向进行离散化处理，生成三维格网像素基层析反演模型，即

$$b_j = \begin{cases} 1 & r \in V_{\text{voxel}} \\ 0 & \text{其他} \end{cases} \tag{4.28}$$

$$N_e(r,t) \cong \sum_{j=1}^n x_j(t) \cdot b_j(r) \tag{4.29}$$

式中：b_j 为像素指标函数，如果射线穿过像素，则 b_j 赋值为 1，否则赋值为 0；n 为离散化的总像素数；$x_j(t)$ 为离散化的 t 时刻信号传播路径 r 位置处电离层格网电子密度，每条射线路径上电离层 TEC 测量值为

$$\begin{aligned}\text{TEC}_i &\cong \int_l \sum_{j=1}^n x_j(t) \cdot b_j(r)\,\mathrm{d}s \\ &= \sum_{j=1}^n x_j(t) \int_l b_j(r)\,\mathrm{d}s = \sum_{j=1}^n \sum_{i=1}^m a_{ij} \cdot x_j(t)\end{aligned} \tag{4.30}$$

式中：m 为 t 时刻共计 m 条电离层 TEC 射线；a_{ij} 为投影矩阵元素，即第 i 条射线在第 j 个格网内的截距。考虑到测量中观测噪声和离散误差的影响，且假定在一定时间段格网内电子密度是不变的，则每条射线传播路径上的电离层 TEC 测量数据为

$$\text{TEC}_i = \sum_{j=1}^n \sum_{i=1}^m a_{ij} \cdot x_j(t) + \varepsilon_i \tag{4.31}$$

式（4.31）矩阵形式为

$$\boldsymbol{y}_{m \times 1} = \boldsymbol{A}_{m \times n} \boldsymbol{x}_{n \times 1} + \boldsymbol{e}_{m \times 1} \tag{4.32}$$

式中：$\boldsymbol{y}$ 为 m 条电离层 TEC 测量值组成的列向量；$\boldsymbol{A}$ 为由投影矩阵元素 a_{ij} 组成的 $m \times n$ 维投影矩阵，$\boldsymbol{x}$ 为 n 维待求解未知参数的列向量；$\boldsymbol{e}$ 为 m 条电离层 TEC 在测量过程中引入的观测噪声和离散误差组成的列向量。

2. 常用的电离层层析重构技术

由于观测数据的限制，常用的电离层层析重构技术主要为各种迭代重构算法，包括：代数迭代重构算法 ART、乘法代数重构算法 MART 和同时迭代重构算法 SIRT。在电离层电子密度反演时，需要选择一个合理的反演算法。有研究者专门对几种重构技术进行了层析测试，发现 SIRT 和 MART 结果相当，而 ART 由于存在负值而导致了较差的结果。MART 是结果相对较好且计算速度最快的方法，因此目前在绝大多数电离层层析重构中都应用了 MART 算法。

在此同样选择 MART 作为电子密度反演算法,其迭代方式如下。

第一步:初始估计,$x^{(0)} \in R^n$ 且 $x_j^{(0)} > 0, j = 1, 2, \cdots, n$。

第二步:迭代步骤,$x_j^{(k+1)} = x_j^{(k)} \left(\dfrac{d_i}{<x^{(k)}, a_i>} \right)^{\lambda_k a_{ij} / \|a_i\|}$。

第三步:方程的迭代顺序 $i = k(\bmod m) + 1$。

松弛因子的选取范围是 $0 < \lambda_k < 1$,此处选择为 0.1。与 ART 相比,MART 收敛速度快,一般 10 轮以内即可收敛,而且其解可以保证是正值,此处循环迭代次数选择为 10。得到区域的 2014 年 8 月 25 日 4 时(UT)和 12 时(UT)的电离层三维电子密度剖面 MART 层析结果与基于 IRI2012 的模型结果对比如图 4 – 18 所示。

可以看出,基于 MART 层析得到的结果与 IRI2012 模型一致性较好,为了更加直观地看到层析结果随经度和纬度方向的变化情况,以 2014 年 8 月 25 日 4 时(UT)层析结果为例图 4 – 19 和图 4 – 20 分别给出了层析结果沿经度和纬度的切片图,可以看出,反演的电离层电子密度分布在纬度方向上随着纬度的降低而增加,且随纬度方向的变化明显大于随经度方向的变化,符合实际电离层电子密度随纬度及经度的变化特点。

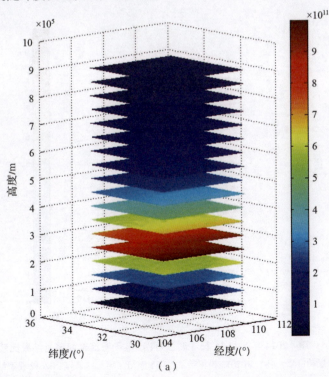

(a)

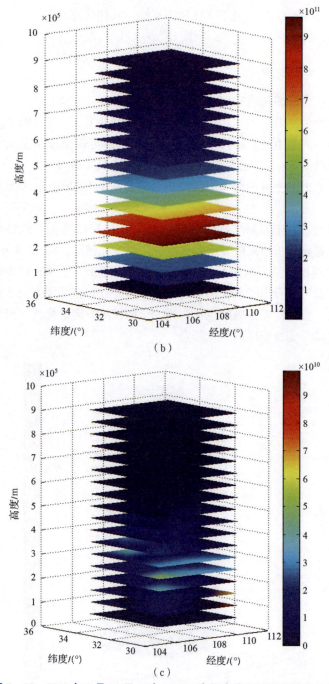

图 4-18 2014 年 8 月 25 日 4 时（UT）电子密度剖面层析结果比较

（a）MART 层析结果；（b）IRI2012 模型结果；（c）MART 层析结果与 IRI2012 模型结果偏差。

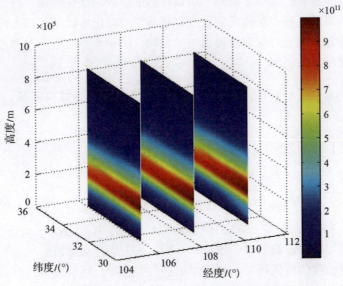

图 4-19 层析结果沿经度方向切面示意图

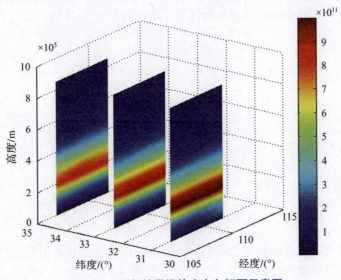

图 4-20 层析结果沿纬度方向切面示意图

4.2.2 数据吸收区域电离层折射参数反演

1. 数据吸收原理

数据吸收（Data Ingestion）技术，广义上讲是数据融合或是数据驱动技术的一种。数据吸收的基本原理是利用数学上的参数最优化理论，通过对模型驱动参量进行驱动更新，使得观测数据与观测模型输出参数间的误差最小，从而实现将观测数据融入对应观测模型中的目的。基于数据吸收的电离层折射参数反演主要目标函数，即

$$(\hat{x}_1, \hat{x}_2, \cdots, \hat{x}_n) = \mathrm{argmin} \sum_{i=1}^{M} (\mathrm{ION}_{\mathrm{mod},i}(x_1, x_2, \cdots, x_n) - \mathrm{ION}_{\mathrm{obs},i})^2 \tag{4.33}$$

对上述目标函数简化，可以表示为

$$Y = Y(X) \tag{4.34}$$

式中：$Y = \sum_{i=1}^{M} (\mathrm{ION}_{\mathrm{mod},i}(x_1, x_2, \cdots, x_n) - \mathrm{ION}_{\mathrm{obs},i})^2$ 为一个含有 n 个驱动量的观测列矢量；$X = (x_1, x_2, \cdots, x_n)$ 为模型的驱动参量；$\mathrm{ION}_{\mathrm{mod},i}(x_1, x_2, \cdots, x_n)$ 为模型在给定指定驱动参量下的参量输出；$\mathrm{ION}_{\mathrm{obs},i}$ 为实际观测值。

当数据吸收的背景模型采用简单的线性方程时，则表现为线性最小二乘问题；当数据吸收的背景模型采用复杂的经验或者物理模型时，目标函数为非线性方程，需要先将非线性方程进行线性化，再利用迭代最小二乘法求解。

令 $X_{i/0}$ 为电离层模型驱动参数进行 i 次迭代后的估计值，将方程在 $X_{i/0}$ 处展开为

$$Y = Y(X_{i/0}) + \left(\frac{\partial Y}{\partial X}\right)_{X_0 = X_{i/0}} (X - X_{i/0}) + o((X - X_{i/0})^2) \tag{4.35}$$

令 Jacobi 矩阵 $H = \left(\frac{\partial Y}{\partial X}\right)_{X_0 = X_{i/0}}$，同时略去高阶项 $o((X - X_{i/0})^2)$ 可以得到：

$$Y = HX + v \tag{4.36}$$

根据最小二乘估计值原理，可以得到 X_0 最优估计值：

$$\hat{X} = (H^T H)^{-1} H^T Y \tag{4.37}$$

经过多轮迭代，数据吸收对应的电离层模型最优化驱动参数为

$$X_{(i+1)/0} = X_{i/0} + \hat{X} \tag{4.38}$$

对于电离层模型的数据吸收而言，其主要的驱动参量一般包括两大类。

①电离层模型的控制参数：太阳活动指数（$R12$ 或 $F10.7$ 等）、地磁指数（Kp、Ap、AE 等）、极区粒子沉降功率等；

②电离层模型中涉及的建模系数：例如 Klobuchar 模型中的 8 个拟合参数，北斗系统改进的 Klobuchar 模型中的 14 个拟合参数，CODE 全球电离层地图中的球谐模型 256 个拟合参数，IRI 模型对 foF_2 和 $M(3000)F_2$ 建模过程中调用的 CCIR 系数等。

用于模型吸收的观测数据则主要为电离层各类特征参量,如 TEC、NmF_2、hmF_2 等。

2. 数据吸收算法

以我国"北斗"卫星导航系统基于数据吸收算法重构 Klobuchar 模型延迟修正参数为范例对数据吸收算法进行介绍。

为满足 GPS 系统单频电离层延迟修正的需要,1987 年 Klobuchar 提出了一种能有效修正单频导航接收机电离层影响的方法,即 8 参数 Klobuchar 模型修正法。但 Klobuchar 模型对夜间电离层及电离层随纬度的变化处理过于简化,导致模型精度受限。我国"北斗"卫星导航系统针对模型的不足将其改进为 14 参数修正模型。

$$I_i^j = \begin{cases} 5 + A_1 + Bt & 0 \leq t \leq 21600 \\ 5 + A_1 + B(t - 72000) + A_2 \cos\left(\dfrac{2\pi(t - A_3)}{A_4}\right) & 21600 < t < 72000 \\ 5 + A_1 + B(t - 86400) & 72000 \leq t \leq 86400 \end{cases} \tag{4.39}$$

式中:I_i^j 为电离层延迟;$A_1 = 5 \times 10^{-9}$s 代表夜间的电离层延迟,白天电离层延迟余弦曲线的幅度用系数 α_n 计算,即

$$A_2 = \begin{cases} \sum_{n=0}^{3} \alpha_n \varphi_m^n & A_2 \geq 0 \\ 0 & A_2 < 0 \end{cases} \tag{4.40}$$

式中:φ_m 为穿刺点 IPP 的地磁纬度。

A_3 为余弦函数的初始相位,对应于曲线极点的地方时,用 γ_n 系数求得:

$$A_3 = \begin{cases} 50400 + \sum_{n=0}^{3} \gamma_n \varphi_m^i & 43200 \leq A_3 \leq 55800 \\ 43200 & 43200 > A_3 \\ 55800 & 55800 < A_3 \end{cases} \tag{4.41}$$

A_4 为余弦曲线的周期,用系数 β_n 求得:

$$A_4 = \begin{cases} \sum_{n=0}^{3} \beta_n \varphi_m^n & A_4 \geq 72000 \\ 72000 & A_4 < 72000 \end{cases} \tag{4.42}$$

为了播发电离层修正系数,北斗系统的主控站需要采用数据吸收技术对模型的 14 个系数进行更新。通过多个北斗监测站的实测电离层延迟数据,数据

吸收的主要任务即为将观测数据融入改进的 Klobuchar 模型中，获得最优化的电离层延迟改正模型 14 个未知参数，即

$$X = (A_1, B, \alpha_0, \alpha_1, \alpha_2, \alpha_3, \beta_0, \beta_1, \beta_2, \beta_3, \gamma_0, \gamma_1, \gamma_2, \gamma_3)^T \quad (4.43)$$

按照数据吸收理论，则需要构建出 Jacobi 矩阵 H，即

$$H = \begin{bmatrix} \dfrac{\partial Y_1^1}{\partial A_1} & \dfrac{\partial Y_1^1}{\partial B} & \dfrac{\partial Y_1^1}{\partial \alpha_1} & \dfrac{\partial Y_1^1}{\partial \alpha_2} & \cdots & \dfrac{\partial Y_1^1}{\partial \gamma_3} \\ & & \vdots & & & \vdots \\ \dfrac{\partial Y_1^m}{\partial A_1} & \dfrac{\partial Y_1^m}{\partial B} & \dfrac{\partial Y_1^m}{\partial \alpha_1} & \dfrac{\partial Y_1^m}{\partial \alpha_2} & \cdots & \dfrac{\partial Y_1^m}{\partial \gamma_3} \\ & & \vdots & & & \vdots \\ \dfrac{\partial Y_n^1}{\partial A_1} & \dfrac{\partial Y_n^1}{\partial B} & \dfrac{\partial Y_n^1}{\partial \alpha_1} & \dfrac{\partial Y_n^1}{\partial \alpha_2} & \cdots & \dfrac{\partial Y_n^1}{\partial \gamma_3} \\ & & \vdots & & & \vdots \\ \dfrac{\partial Y_n^m}{\partial \gamma_3} & \dfrac{\partial Y_n^m}{\partial B} & \dfrac{\partial Y_n^m}{\partial \alpha_1} & \dfrac{\partial Y_n^m}{\partial \alpha_2} & \cdots & \dfrac{\partial Y_n^m}{\partial \gamma_3} \end{bmatrix} \quad (4.44)$$

式中：n 为参与吸收的测站数目；m 为观测到的导航颗卫星数；Y 为测站 – 卫星间的电离层延迟数据；H 中各元素表示为

$$\frac{\partial Y_i^j}{\partial A_1} = 1 \quad 0 \leqslant t_i^j \leqslant 86400 \quad (4.45)$$

$$\frac{\partial Y_i^j}{\partial B} = \begin{cases} t_i^j & 0 \leqslant t_i^j \leqslant 21600 \\ t_i^j - 72000 & 21600 < t_i^j < 72000 \\ t_i^j - 86400 & 72000 \leqslant t_i^j \leqslant 86400 \end{cases} \quad (4.46)$$

$$\frac{\partial Y_i^j}{\partial \alpha_k} = \begin{cases} \varphi_M^k \cos\left(\dfrac{2\pi(t_i^j - A_3)}{A_4}\right) & 21600 \leqslant t_i^j \leqslant 72000, 0 \leqslant A_2 \\ 0 & \text{其他} \end{cases} \quad (4.47)$$

$$\frac{\partial Y_i^j}{\partial \beta_k} = \begin{cases} 2A_2\pi(t_i^j - A_3)\dfrac{\varphi_M^k \sin\left(\dfrac{2\pi(t_i^j - A_3)}{A_4}\right)}{A_4^2} & 21600 \leqslant t_i^j \leqslant 72000, 72000 \leqslant A_4 \\ 0 & \text{其他} \end{cases}$$

$$(4.48)$$

$$\frac{\partial Y_i^j}{\partial \gamma_k} = \begin{cases} \frac{2\pi A_2}{A_4}\sin\left(\frac{2\pi(t_i^j - A_3)}{A_4}\right)\varphi_M^k & 21600 \leq t_i^j \leq 72000, 43200 \leq A_4 \leq 55800 \\ 0 & 其他 \end{cases}$$
(4.49)

利用式（4.37）和式（4.38）给出的最小二乘方法进行多次迭代求解，即可获得模型的 14 个最优化驱动参数 X，从而完成实测数据吸收到模型中，进而重构出需要的电离层参数并提高模型电离层参数的输出精度。

4.2.3 数据同化区域电离层折射参数反演

1. 数据同化原理

数据同化方法是一种在考虑数据时空分布及背景场的基础上，实时将新的观测数据融入数值模型的理论方法。数据同化具备两种能力，它既能把时间和空间上大量零散、不规则的数据融入模型中，同时也能够将模型中内在的物理规律对状态变量进行有效的约束，从而使得同化后模型输出的结果与观测结果一致，也能蕴含物理变化规律。当前，电离层探测数据日益丰富，电离层模型研究日趋深入，计算机计算性能更是取得了飞速提升。依托这些有利的数据资源和软硬件条件，电离层数据同化技术获得了极大的发展并逐渐成为全球电离层特征参量精确感知与预报领域最有力的工具。

统计学中的估计理论，包括最小方差估计、最大似然估计和贝叶斯理论是数据同化方法的理论基础。目前，几乎所有的同化方法均可从条件概率的贝叶斯理论推导得出，根据贝叶斯法则有

$$P(x_t^t | \psi_t) \propto P(\psi_t | x_t^t) P(x_t^t) \tag{4.50}$$

式中：$\psi_t = [y_t, \psi_{t-1}]$ 为包括 t 时刻和 t 之前时刻的观测值；x_t^t 为 t 时刻模式的状态变量的真实值。通常情况下，不同时刻的观测误差可以认为互不关联和相互独立，即

$$P(\psi_t | x_t^t) \propto P(y_t | x_t^t) P(\psi_{t-1} | x_t^t) \tag{4.51}$$

联合式（4.50）、式（4.51）有

$$P(x_t^t | \psi_t) \propto P(y_t | x_t^t) P(\psi_{t-1} | x_t^t) P(x_t^t) \tag{4.52}$$

再次利用贝叶斯公式：

$$P(\psi_{t-1} | x_t^t) P(x_t^t) \propto P(x_t^t | \psi_{t-1}) \tag{4.53}$$

对公式进行简化处理，得到条件概率密度函数，即

$$P(x_t^t | \psi_t) \propto P(y_t | x_t^t) P(x_t^t | \psi_{t-1}) \tag{4.54}$$

式（4.54）即为贝叶斯公式。贝叶斯公式给出了模式当前状态、模式之前状态以及观测资料之间的联系。假定概率密度函数服从正态分布，而且误差

满足线性增长的条件，此时，概率密度分布函数可以简化为

$$P(X_t^t | \psi_{t-1}) \in N(X_t^b, B_t^b) \propto \exp\left\{-\frac{1}{2}(X_t - X_t^b)^T (B_t^b)^{-1}(X_t - X_t^b)\right\} \quad (4.55)$$

$$P(Y_t^t | X_t^t) \in N(Y_t, R) \propto \exp\left\{-\frac{1}{2}(HX_t - Y_t)^T R^{-1}(HX_t - Y_t)\right\} \quad (4.56)$$

式中：Y_t 为观测值；X_t^b 为模型背景场；上标 T 为矩阵转置；B_t^b 为背景模型的误差协方差矩阵；H 为由状态变量 X 映射到观测变量 Y 的观测算子；R 为观测数据的误差协方差矩阵，由此可得

$$P(X_t^t | \psi_t) \propto \exp\left\{-\frac{1}{2}(X_t - X_t^b)^T (B_t^b)^{-1}(X_t - X_t^b) - \frac{1}{2}(HX_t - Y_t)^T R^{-1}(HX_t - Y_t)\right\} \quad (4.57)$$

为获得数据同化的最优解，需要求解概率密度分布函数的极大值，亦即

$$J(X_t) = \frac{1}{2}\{(X_t - X_t^b)^T (B_t^b)^{-1}(X_t - X_t^b) + (HX_t - Y_t)^T R^{-1}(HX_t - Y_t)\} \quad (4.58)$$

$J(X_t)$ 一般称作目标函数或代价函数，该式也是变分同化和卡尔曼滤波同化类方法的理论。(4.58) 式的大括号内第一项则代表背景模型场 X_t^b 对同化结果的影响，影响程度即由模型误差的协方差决定。(4.58) 式的大括号内第二项代表测量数据对同化结果的影响，如果方程只含有第一项，则方程即经典的最小方差估计问题。代价函数既可以在"模型"空间下求解，其相关矩阵的尺度是由未知数数目决定的；也可以在"数据"空间下求解，而这种情况下的矩阵大小是由观测的数据量决定。

2. 数据同化算法

同化算法是连接观测数据与模型模拟及预测的核心部分，它是数据同化的重要组成之一，下面介绍几种常用的数据同化算法。

1）三维变分同化算法

三维变分同化算法是三维空间条件下对分析场参量进行最优求解的同化算法，三维变分算法定义目标函数表示状态量和观测值之间的距离，使得这个目标函数最小的状态即状态量最优值：

$$J(X) = J_b + J_o = \frac{1}{2}(X - X_b)^T B^{-1}(X - X_b) + \frac{1}{2}(Y_o - HX)^T R^{-1}(Y_o - HX) \quad (4.59)$$

式中：X 为待求解的分析场；X_b 为背景场参量；上标 T 为矩阵转置；B 为背景模型场的误差协方差矩阵；Y_o 为观测数据；H 为观测算子；R 为观测数据

误差协方差矩阵。通常认为观测数据之间是相互独立的,此时 R 可以用对角矩阵表示,对角线元素即观测数据误差的方差。

要获得目标函数的最小值,首先计算目标函数梯度为

$$\nabla J = \nabla J_b + \nabla J_o = \boldsymbol{B}^{-1}(\boldsymbol{X} - \boldsymbol{X}_b) + \boldsymbol{H}^T \boldsymbol{R}^{-1}(\boldsymbol{Y}_o - \boldsymbol{H}\boldsymbol{X}) \quad (4.60)$$

若直接求解 $\nabla J = 0$ 梯度函数,由于未知量数目非常庞大,因此其需要非常巨大的计算资源。三维变分同化算法通常使用逐步迭代极小化法求解,此时代价函数及其梯度为

$$J(\delta \boldsymbol{X}) = J_b + J_o = \frac{1}{2}\delta \boldsymbol{X}^T \boldsymbol{B}^{-1} \delta \boldsymbol{X} + \frac{1}{2}(\boldsymbol{H}\delta \boldsymbol{X} - \boldsymbol{d})^T \boldsymbol{R}^{-1}(\boldsymbol{H}\delta \boldsymbol{X} - \boldsymbol{d}) \quad (4.61)$$

$$\nabla J = \nabla J_b + \nabla J_o = \boldsymbol{B}^{-1} \nabla J = \nabla J_b + \nabla J_o = \boldsymbol{B}^{-1} \delta \boldsymbol{X} + \boldsymbol{H} \boldsymbol{R}^{-1}(\boldsymbol{H}\delta \boldsymbol{X} - \boldsymbol{d}) \quad (4.62)$$

式中:$\delta \boldsymbol{X} = \boldsymbol{X} - \boldsymbol{X}_b$,经过上述处理,目标函数求解由直接求解 $\boldsymbol{X}$ 转换为求解背景场的增量 $\delta \boldsymbol{X}$。由于背景场已经包含了状态变量内在物理规律,这就大大提升了数值求解的平衡性,从而有效降低迭代轮次,减少计算量。

2)卡尔曼滤波算法

卡尔曼滤波算法是电离层数据同化模型常用的算法,通过对背景模型和观测数据的误差特性分析,卡尔曼滤波算法能把不同类型的观测数据同化到电离层模型中,从而获取最优化的电离层参量信息,假设系统状态方程和观测方程为

$$\boldsymbol{X}(k) = \boldsymbol{\psi}(k)\boldsymbol{X}(k-1) + \boldsymbol{w}(k) \quad (4.63)$$

$$\boldsymbol{Y}(k) = \boldsymbol{H}(k)\boldsymbol{X}(k) + \boldsymbol{v}(k) \quad (4.64)$$

式中:$\boldsymbol{X}(k)$ 为 k 时刻电离层状态(如密度)的真实值;$\boldsymbol{Y}(k)$ 为 k 时刻电离层状态(如密度)的观测值;$\boldsymbol{\psi}(k)$ 为状态转移矩阵;$\boldsymbol{H}(k)$ 为状态观测矩阵;$\boldsymbol{w}(k)$ 为模型误差;$\boldsymbol{v}(k)$ 为测量误差。

卡尔曼滤波过程为

$$\hat{\boldsymbol{X}}(k, k-1) = \boldsymbol{\psi}(k)\tilde{\boldsymbol{X}}(k-1, k-1) \quad (4.65)$$

$$\hat{\boldsymbol{P}}(k, k-1) = \boldsymbol{\psi}(k)\tilde{\boldsymbol{P}}(k-1, k-1)\boldsymbol{\psi}^T(k) + \boldsymbol{Q}(k) \quad (4.66)$$

$$\boldsymbol{K}(k) = \hat{\boldsymbol{P}}(k, k-1)\boldsymbol{H}^T(k)(\boldsymbol{H}(k)\hat{\boldsymbol{P}}(k, k-1)\boldsymbol{H}^T(k) + \boldsymbol{R}(k))^{-1} \quad (4.67)$$

$$\tilde{\boldsymbol{X}}(k, k) = \hat{\boldsymbol{X}}(k, k-1) + \boldsymbol{K}(k)(\boldsymbol{Y}(k) - \boldsymbol{H}(k)\hat{\boldsymbol{X}}(k, k-1)) \quad (4.68)$$

$$\tilde{\boldsymbol{P}}(k, k) = (\boldsymbol{I} - \boldsymbol{K}(k)\boldsymbol{H}(k))\hat{\boldsymbol{P}}(k, k-1) \quad (4.69)$$

式中:$\tilde{\boldsymbol{X}}(k, k)$ 为 k 时刻由测量值 $\boldsymbol{Y}(k)$ 和预报值 $\hat{\boldsymbol{X}}(k, k-1)$ 得到的状态估计值(即同化结果);$\hat{\boldsymbol{X}}(k, k-1)$ 为模型状态预报值;$\boldsymbol{R}(k)$ 和 $\boldsymbol{Q}(k)$ 分别为测量和状态噪声误差协方差矩阵;$\boldsymbol{K}(k)$ 为增益矩阵;$\hat{\boldsymbol{P}}(k, k-1)$ 和 $\tilde{\boldsymbol{P}}(k, k)$ 分别为预报

与估计状态协方差矩阵；$Y(k)-H(k)\hat{X}(k,k-1)$ 为观测值与模型间的误差，即常说的是新息。从整个滤波流程可以看出，卡尔曼滤波同化过程包括预测和更新两个步骤：其中式（4.65）和式（4.66）分别为状态预测和协方差预测；式（4.68）和式（4.69）分别为状态更新和协方差更新过程。

4.2.4 电离层闪烁区域现报技术

1. 电离层闪烁区域现报原理

基于多站点电离层闪烁观测数据，通过构建电离层闪烁二维现报模型实现电离层闪烁区域现报。电离层闪烁二维现报模型通过电离层不均匀体的空间特征拓扑分析，构建电离层不均匀体的区域边界模型，具体实现流程如下。

首先，收集大量电离层闪烁历史观测数据并对数据质量进行控制，获得高质量有效数据。

其次，电离层不均匀体空间特征拓扑分析，识别电离层穿刺点密集区域中心点位置，电离层穿刺点即为穿越电离层卫星信号与电离层450km高度的交叉点，具体如图4-21所示。计算各穿刺点至中心位置最近的穿刺点距离，通过数据拟合获得电离层闪烁指数 S_4 的空间距离相关性特征参数函数。

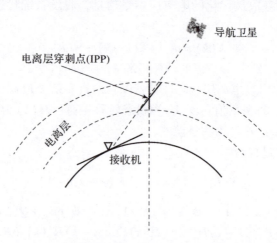

图4-21　卫星信号到地面接收机传播路径示意图

最后，利用电离层不均匀体空间距离相关性特征和多站点电离层闪烁观测数据散点形成电离层闪烁区域现报。

2. 电离层闪烁区域现报算法

下面以利用 GNSS 观测数据实现 L 波段电离层闪烁区域现报为例对电离层闪烁区域现报算法进行介绍。

1) 多站 L 频段电离层闪烁观测数据收集

在我国低纬地区通过布设多台站 GNSS 电离层闪烁监测仪,形成密集的 L 频段电离层闪烁观测网。

根据 GNSS 电离层闪烁监测仪输出的卫星链路方位角 Az 和仰角 Ele,计算每条链路每个时刻穿刺点的位置,具体计算过程为

$$\text{lat} = \arcsin(\sin(\text{lat}_r)\cos(\psi) + \cos(\text{lat}_r)\sin(\psi)\cos(\text{Az})) \qquad (4.70)$$

$$\text{lon} = \text{lon}_r + \arcsin\left(\frac{\sin(\psi)\sin(\text{Az})}{\cos(\text{lat})}\right) \qquad (4.71)$$

式中:lat、lon 为穿刺点纬度、经度;lat_r、lon_r 为 GNSS 电离层闪烁监测仪纬度、经度;ψ 为 GNSS 电离层闪烁监测仪与 GNSS 卫星的地心夹角,具体计算过程为

$$\psi = \frac{\pi}{2} - \text{Ele} - \arcsin\left(\frac{(R_e + h_r)\cos(\text{Ele})}{R_e + h}\right) \qquad (4.72)$$

式中:R_e 为地球半径,取值为 6371km;h_r 为 GNSS 电离层闪烁监测仪海拔高度;h 为电离层等效高度,取值为 450km。

2) L 频段电离层闪烁指数 S_4 空间距离相关性特征参数

将多站点 L 频段电离层闪烁观测数据按照时刻分组,计算同一组内各穿刺点到其他点的距离,识别电离层穿刺点密集区域中心点位置,获取其他电离层穿刺点与中心点距离,对电离层穿刺点间距离和电离层闪烁指数 S_4 进行拟合,图 4-22、图 4-23 给出了电离层不均匀体经向和纬向宽度统计图。从图

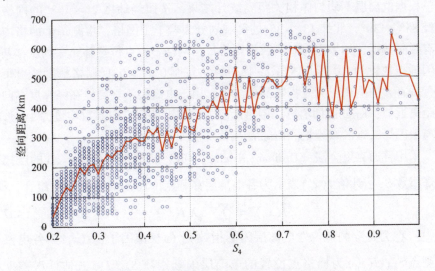

图 4-22 电离层不均匀体经向宽度统计图

中可得通过电离层闪烁空间拓扑分析得到电离层不均匀体宽度从50km开始随幅度闪烁指数线性增大,当幅度闪烁指数超过0.6时,电离层不均匀体宽度保持在350km左右,电离层不均匀体纬向统计特征与电离层不均匀体的经向统计特征保持一致。

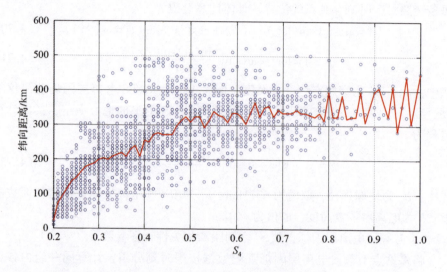

图4-23 电离层不均匀体纬向宽度统计图

3)电离层闪烁二维区域现报

根据电离层不均匀体相关距离统计结果,按照经纬度2°×1.8°的网格将东经85°~130°、北纬13°~35°的区域划分为若干个网格,检测每个网格内是否有观测数据,如果没有观测数据则将每个网格中心点位置补充穿刺点,其幅度闪烁指数设为0。根据Kriging插值算法按照0.1°×0.1°栅格精度给出每个位置垂直方向电离层闪烁指数插值结果,由于电离层不均匀体在经纬度方向相关距离近似,Kriging插值算法中沿经度方向和沿纬度方向系数均设为1,形成电离层闪烁二维区域现报。Kriging插值算法如下。

采用普通克里金法(Ordinary Kriging,OK)将栅格点位置x_0处的电离层闪烁指数S_4估计值$\hat{I}(x_0)$表示为各电离层穿刺点位置S_4的加权线性组合,即

$$\hat{I}(x_0) = \sum_{i=1}^{N} \lambda_i I(x_i) \tag{4.73}$$

式中:λ_i为各穿刺点位置电离层闪烁指数S_4的权重因子;$I(x_i)$为各电离层穿刺点S_4;$I(x_0)$为栅格点位置的电离层闪烁指数S_4。$\hat{I}(x_0)$估计误差期望值为

$$E(\hat{I}(x_0) - I(x_0)) = E(\sum_{i=1}^{N} \lambda_i I(x_i) - I(x_0)) = E(I(x_i))(\sum_{i=1}^{N} \lambda_i - 1) \tag{4.74}$$

为满足无偏性条件，令式（4.74）为零，则

$$(\sum_{i=1}^{N} \lambda_i - 1) = 0 \tag{4.75}$$

估计值 $\hat{I}(x_0)$ 和真值 $I(x_0)$ 之间的差异，即估计误差的方差可利用变异函数表示，即

$$E(\hat{I}(x_0) - I(x_0)) = 2(\sum_{i=1}^{N} \lambda_i \gamma(x_i, x_0)) - \sum_{i=1}^{N}\sum_{j=1}^{N} \lambda_i \lambda_j \gamma(x_i, x_j) - \gamma(x_0, x_0) \tag{4.76}$$

在式（4.75）的限制条件下，为使估计误差的方差达到最小，引入拉格朗日乘数因子 μ，构建拉格朗日函数，即

$$L(\lambda, \mu) = \mathrm{var}(\hat{I}(x_0) - I(x_0)) - 2\mu(\sum_{i=1}^{N} \lambda_i - 1) \tag{4.77}$$

计算拉格朗日函数对 λ_i 的偏导数并置零，得

$$\sum_{i=1}^{N} \lambda_i \gamma(x_i, x_j) + \mu = \gamma(x_j, x_0) \quad j = 1, 2, \cdots, N \tag{4.78}$$

即

$$\begin{bmatrix} \gamma_{11} & \cdots & \gamma_{N1} & 1 \\ \vdots & & \vdots & 1 \\ \gamma_{N1} & \cdots & \gamma_{NN} & 1 \\ 1 & \cdots & 1 & 0 \end{bmatrix} \begin{bmatrix} \lambda_1 \\ \lambda_2 \\ \vdots \\ \lambda_N \\ \mu \end{bmatrix} = \begin{bmatrix} \gamma_{10} \\ \gamma_{20} \\ \vdots \\ \gamma_{N0} \\ 1 \end{bmatrix} \tag{4.79}$$

$$\gamma(x_i, x_j) = \frac{1}{2} E(I(x_i) - I(x_j))^2 \tag{4.80}$$

参考资料

[1] 欧明. 基于卫星信号的电离层特征参量重构技术研究 [D]. 武汉：武汉大学，2017.
[2] 刘琨，盛冬生，王飞飞，等. 地基单站 GNSS 的电离层 VTEC 高精度解算方法 [J]. 空间科学学报，2021，41（3）：417 – 424.
[3] 马建文. 数据同化算法开发与实验 [M]. 北京：科学出版社，2013.
[4] 秦思娴. 陆面数据同化中的智能算法研发与实验 [D]. 北京：中国科学院大学，2013.
[5] 乐新安. 中低纬电离层模拟与数据同化研究 [D]. 武汉：中国科学院研究生院（武汉物理与数学研究所），2008.
[6] 聂文锋. 多系统 GNSS 全球电离层监测及差分码偏差统一处理 [D]. 山东：山东大学，2019.
[7] 吴健，郑传青. HF 相干散射雷达——一种电离层探测新技术 [J]. 电波科学学报，1992，7（2），16.

[8] 林乐科,赵振维,刘琨,等. 地基单站 GPS 探测大气折射环境[J]. 飞行器测控学报,2011,30(3),6.

[9] LIMBERGER M. Ionosphere modeling from GPS radio occultations and complementary data based on B – splines[D]. Munich:Technische Universitat Munchen,2015.

[10] 姚宜斌,汤俊,张良,等. 电离层三维层析成像的自适应联合迭代重构算法[J]. 地球物理学报,2014,57(3):345-353.

第 5 章　大气折射误差修正技术及应用

随着现代雷达等无线电系统硬件水平和数据信号处理方法的进一步提升，观测平台从原先的地基观测逐渐发展为机载、星载等观测平台，观测区域由原先重点区域监测逐渐发展为全球范围观测，这对大气折射误差修正精度和应用场景提出了更高的要求。针对雷达等无线电系统探测精度不断提升、搭载平台更加多样化等特点，大气折射误差已成为影响雷达等无线电系统探测定位精度的重要因素之一。本章根据 1～4 章介绍的对流层、电离层大气折射环境特征以及折射参数监测技术，介绍了大气折射误差修正原理和折射误差修正方法，并结合作者多年实际工程经验，根据测控系统、地面雷达、全球导航定位系统、星载合成孔径雷达等典型无线电系统特点，分别给出了适用于不同应用场景的大气折射误差修正工程方案设计，对大气折射误差修正技术具体实际应用，提供一定的借鉴意义。

5.1　大气折射误差修正原理

大气折射是气象学和大地测量学的重要研究方向，大气是一种不均匀介质，其密度分布最明显的特性是随着高度而衰减，使得无线电波信号传播速度和传播路径发生变化，产生了时延效应和弯曲效应。随着新观测体系和技术的不断出现和发展，观测形式和观测精度。也获取了重要的改变和提高，尤其是 20 世纪 60 年代以来计算机和人造卫星技术取得飞速发展，在根本上改变了传统自然天体测量模式。这些改变也给大气折射的研究和应用带来了新的挑战，大致可以归结为以下几个方面。

①自从甚长基线干涉测量（Very Long Baseline Interferometry，VLBI）、卫星激光测距（Satellite Laser Ranging，SLR）、月球激光测距（Lunar Laser Ranging，LLR）、全球导航定位系统（GNNS）等新一代空间测量技术相继问世以来，对目标的测量已经从过去单纯的方位观测转向以距离观测为主，即大气折

射的研究重点已经从过去的天文大气折射转移到现在的大气延迟。

②观测手段从可见光波段到无线电全波段。

③测量精度从初始的米级，逐渐提高到目前的厘米级、毫米级。

④观测方式从过去单一的地基观测，逐渐发展到目前的地基观测、空基观测和天基观测的全方位多手段。

⑤处理时效由过去的事后处理，逐渐发展为实时处理。

无线电波大气折射现象的形成与大气折射指数在空间（主要随高度）不均匀分布有关，研究大气对无线电波的折射效应，需要了解无线电波在大气传播过程中的机理。随着近代电磁场理论的不断深入完善，光波本质上可以理解为电磁波的一种，对于光波在大气中传播问题通常使用射线（光线）概念进行研究，即几何光学理论。几何光学的基本理论可以由电磁场理论统一描述，对于研究无线电波在大气中的传播问题，几何光学理论被广泛使用，使用射线概念来研究无线电波在大气中的传播问题，同样可以揭示问题的物理本质，并使处理问题的方法得到极大的简化。将几何光学理论演变为射线描迹技术，通过对无线电波在大气传播轨迹的准确描迹，可以清晰给出无线电波传播过程。

图 5-1 经典的几何光学现象

1. 麦克斯韦方程组

无线电波在空间中传播都遵循麦克斯韦定理，一切宏观的电磁现象都可以用麦克斯韦方程组来描述，即

$$\begin{cases} \nabla \times \boldsymbol{H} = \boldsymbol{J} + \dfrac{\partial \boldsymbol{D}}{\partial t} \\ \nabla \times \boldsymbol{E} = -\dfrac{\partial \boldsymbol{B}}{\partial t} \\ \nabla \cdot \boldsymbol{B} = 0 \\ \nabla \cdot \boldsymbol{D} = \rho \end{cases} \quad (5.1)$$

式中：∇为矢量微分算子；E为电场强度；H为磁场强度；J为自由电流密度；ρ为自由电荷密度；$D = \varepsilon E$为电位移矢量；$B = \mu H$为磁感应强度；ε为介电常数；μ为导磁系数。麦克斯韦方程是电磁场规律的总结，利用麦克斯韦方程组和边界条件可得到电磁波的空间传播。在微波段，麦克斯韦方程组的近似方程就是雷达的基本描迹方程。

2. 费马原理

费马原理亦称最小光程原理，光波在两点之间传播时，沿射线的光学路径长度比沿任意其他路径的光学路径长度都短，即自动选取费时最小的路径。以变分表示时，满足折射指数沿射线积分的变分等于0，即

$$\delta \int_l n \mathrm{d}l = 0 \tag{5.2}$$

式中：l为射线路径。

3. Snell 定律

在l范围内不均匀介质中，平面波可表示为

$$E = E_0 \exp\left[\mathrm{j}\left(\omega t - k\int_l n(l)\mathrm{d}l\right)\right] \tag{5.3}$$

式中：ω为无线电波的角频率；k为传播常数。

满足条件：

$$\omega t - k\int_l n(l)\mathrm{d}l = \mathrm{const} \tag{5.4}$$

的空间曲面簇称为等相面，因此射线方程为

$$\frac{\partial}{\partial l}(\boldsymbol{l}_0 n) = \nabla n \tag{5.5}$$

当折射指数n按球面分层时，折射指数梯度为

$$\nabla n = \frac{\mathrm{d}n}{\mathrm{d}r} \cdot \frac{\boldsymbol{r}}{r} \tag{5.6}$$

将上式两边叉乘$\boldsymbol{r}$，可得

$$\boldsymbol{r} \times \frac{\partial}{\partial l}(\boldsymbol{l}_0 n) = 0 \tag{5.7}$$

由于

$$\frac{\partial}{\partial l}(\boldsymbol{r} \times n\boldsymbol{l}_0) = \frac{\partial \boldsymbol{r}}{\partial l} \times n\boldsymbol{l}_0 + \boldsymbol{r} \times \frac{\partial}{\partial l}(n\boldsymbol{l}_0) \tag{5.8}$$

当矢量$\frac{\partial \boldsymbol{r}}{\partial l}$平行于$\boldsymbol{l}_0$，故有

$$\frac{\partial}{\partial l}(\boldsymbol{r} \times n\boldsymbol{l}_0) = 0 \tag{5.9}$$

式 (5.9) 表明，在整个射线上，射线切线矢量 nl_0 与 r 的矢量积为常数。即

$$nr\sin\xi = \text{const.} \tag{5.10}$$

式中：ξ 为从地心引出的矢径 r 与射线的夹角，也即射线的天顶角。引入射线仰角 $\theta = \frac{\pi}{2} - \xi$，则式 (5.10) 可表示为

$$nr\cos\theta = \text{const.} \tag{5.11}$$

5.2 折射误差修正方法

利用几何光学引入射线理论，基于费马原理研究无线电波在大气传播过程中的射线描迹法，该方法是目前所有折射修正方法中计算精度最高的方法。早期由于计算机计算能力不足，射线描述法需要提前获得无线电波传播路径的大气折射指数剖面，同时该方法需要多次迭代积分，计算时间相对较长，基于上述局限性，射线描迹法在大气折射误差实时修正中未能有效推广，常常采用简化近似的折射误差修正方法进行修正。随着计算机计算性能的迅速提升，雷达等无线电系统对高精尖方法的需求越来越迫切，射线描迹法逐渐成为当前大气折射误差修正的主流方向，并在实时误差修正中得到进一步应用。根据是否考虑大气水平方向变化情况，射线描迹法分为 2 种情形。

(1) 不考虑大气水平方向变化：只考虑大气随高度分层情况，即球面分层大气情形下的二维射线描迹法。

(2) 考虑大气水平方向变化：不仅考虑大气随高度分层变化情况同时考虑大气在水平方向上的不均匀性，即任意大气情形下的三维射线描迹法。

5.2.1 基于球面分层的二维射线描迹法

为了提高大气折射误差计算精度同时兼顾计算时长等问题，考虑到大气折射率随高度分层变化远大于随水平方向分层变化，将大气折射率在水平方向视为均匀分布。基于大气球面分层假设的二维射线描迹法是目前最常用的大气折射误差修正方法，也是目前业内公认的精度和实用性很好的折射误差修正方法，此时可认为雷达等无线电系统方位角没有折射误差，图 5-2 给出了基于球面分层的二维射线描迹过程示意图。

第 5 章 大气折射误差修正技术及应用

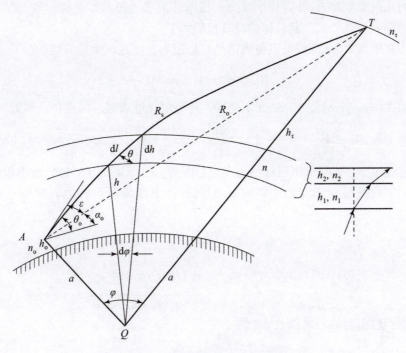

图 5-2 射线描迹过程示意图

图 5-2 中：

a——地球半径；

h_0——测站海拔高度；

h——射线上某点的海拔高度；

h_T——目标真实海拔高度；

r——射线上某点与地心间距离，$r = a + h$；

T——目标所在位置；

R_0——测站到目标的真实距离；

R_g——测站到目标的空间射线轨迹（又称几何距离）；

θ_0——目标视在仰角；

θ——射线上某点的视在仰角；

α_0——目标的真实仰角；

ε——仰角误差。

基于球面分层的二维射线描迹法是将大气折射率在水平方向视为均匀分布条件下，利用费马原理导出无线电波射线满足的 Snell 定律，然后再根据雷达、目标的几何关系和 Snell 定律推导出无线电波射线描迹基本公式，从而得到大气折射误差计算公式。其具体的计算过程如下。

视在距离 R_e 是无线电设备测得的目标距离，由几何关系可知：

$$R_e = ct = \int_{r_0}^{r_T} n\csc\theta \mathrm{d}r \tag{5.12}$$

记 $A_0 = n_0 r_0 \cos\theta_0$，由 Snell 定律知，对流层、电离层总的视在距离为

$$R_e = R_{te} + R_{ie} = \int_{r_0}^{r_i} \frac{n^2 r}{\sqrt{n^2 r^2 - A_0^2}} \mathrm{d}r + \int_{r_i}^{r_T} \frac{r}{\sqrt{n^2 r^2 - A_0^2}} \mathrm{d}r \tag{5.13}$$

首先由 R_e 和 θ_0 求出目标的真实地心距离 r_T，即从式（5.13）解出积分的上限 r_T，获得目标真实地心距离 r_T 的同时，观测站与目标之间的地心张角 φ 为

$$\varphi = A_0 \int_{r_0}^{r_T} \frac{\mathrm{d}r}{r\sqrt{n^2 r^2 - A_0^2}} \tag{5.14}$$

在三角形 QAT 中利用余弦定理。可得目标的真实距离，即

$$R_0 = \sqrt{r_0^2 + (r_0 + h_T)^2 - 2r_0(r_0 + h_T)\cos\varphi} \tag{5.15}$$

则折射引起的距离误差 ΔR 为

$$\Delta R = R_e - R_0 \tag{5.16}$$

在三角形 QAT 中利用正弦定理得

$$\frac{\cos\alpha_0}{r_T} = \frac{\cos(\alpha_0 + \varphi)}{r_0} \tag{5.17}$$

由此可解算目标的真实仰角为

$$\alpha_0 = \arctan\frac{(r_0 + h_T)\cos\varphi - r_0}{(r_0 + h_T)\sin\varphi} \tag{5.18}$$

则折射引起的仰角误差 ε 为

$$\varepsilon = \theta_0 - \alpha_0 \tag{5.19}$$

同样的，目标的视在高度为

$$h_e = \sqrt{R_e^2 + (r_0 + h_0)^2 + 2R_e(r_0 + h_0)\sin\theta_0} - r_0 \tag{5.20}$$

则目标的高度误差为

$$\Delta h = h_e - h_T \tag{5.21}$$

图 5-3 ~ 图 5-7 给出了对流层标准大气环境和电离层较高电子密度环境下，P 频段电磁波探测不同高度处目标时的距离误差、仰角误差、高度误差仿真结果示例。

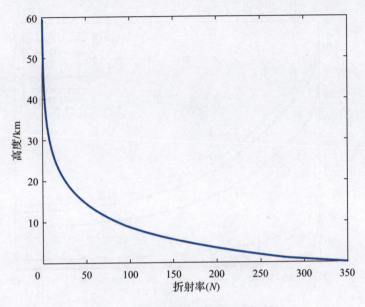

图 5-3 对流层大气折射率剖面示例

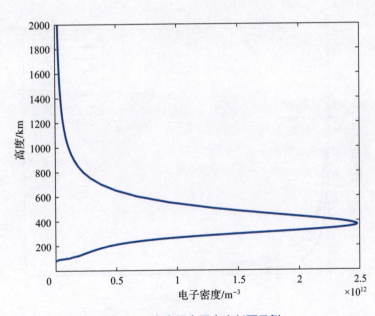

图 5-4 电离层电子密度剖面示例

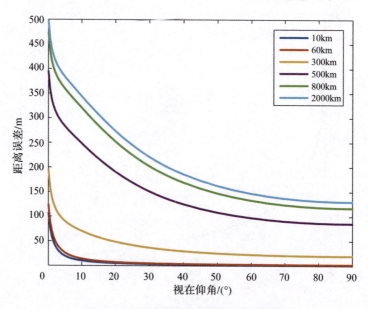

图 5-5　不同高度处距离误差随仰角变化

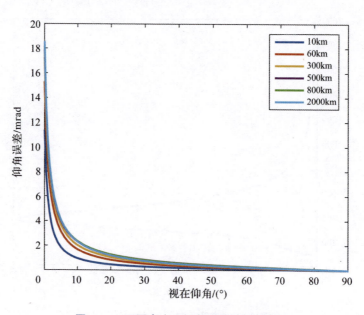

图 5-6　不同高度处仰角误差随仰角变化

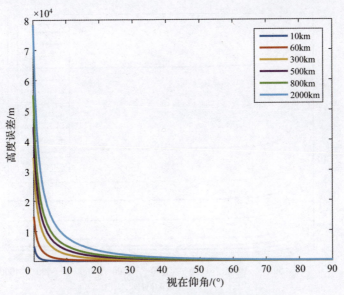

图 5-7　不同高度处高度误差随仰角变化

由仿真示例可知，折射误差会随着目标高度的增大而增大，随着仰角增大而减小，在 P 频段，电离层影响较大，距离误差可达几百米量级，仰角误差接近 20mrad，高度误差可达几十千米。图 5-8～图 5-10 给出了不同仰角的折射误差随频率的变化曲线。

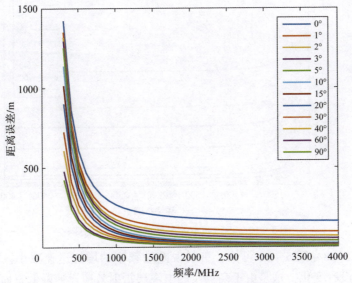

图 5-8　不同仰角的距离误差随频率的变化

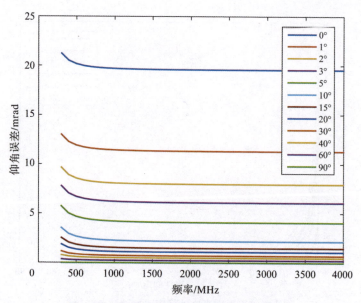

图 5-9　不同仰角的仰角误差随频率的变化

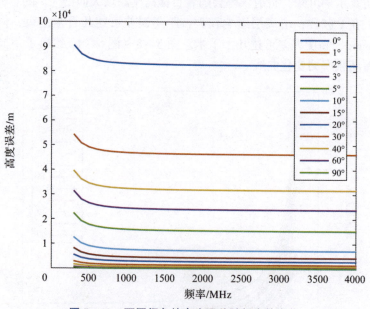

图 5-10　不同仰角的高度误差随频率的变化

由图 5-8～图 5-10 可知，折射误差随频率的增加迅速减小，到 S 频段以上基本没有变化，这是由于高频段的电离层折射效应迅速降低，而对流层折射误差与频率无关，因此高频段的折射误差主要是对流层效应引起。

大气折射效应除了会产生距离、仰角、高度误差外，还会对运动目标产生速度误差。这里运动目标以卫星为例，当卫星以速度 v 在轨道上运动时，会产生径向方向上的速度分量，如图 5-11 所示。

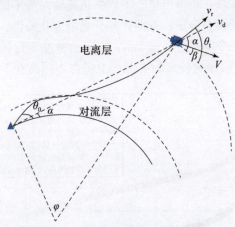

图 5-11 卫星运动速度方向示意图

图 5-11 中，$v_r = v\cos(\theta_t - \beta)$ 为卫星速度视在径向方向上的分量；$v_d = v\cos(\alpha_t - \beta)$ 为卫星速度真实径向方向上的分量；β 为卫星轨道倾角；θ_t、α_t 分别为卫星位置处的视在仰角和真实仰角。则由路径弯曲造成的速度误差分量 $\Delta v_l = v_r - v_d$，而由时间延迟导致的速度误差分量 $\Delta v_t = (n_t - 1)v_d$。在实际的工程应用中，测量得到的径向速度 v_p 可由多普勒频移 f_d 求出，与射线参数关系为

$$v_p = \frac{cf_d}{f} = n_t v_r = n_t v\cos(\theta_t - \beta) \quad (5.22)$$

式中：n_t 为卫星高度处折射指数。由式（5.22）可知，v_p 包含了由时间延迟导致的误差和路径弯曲导致的误差，则速度误差 Δv 可以由 v_p 和卫星高度处的环境参数和射线参数求出。

$$\begin{aligned}\Delta v &= v_p - v_d = v_p - v\cos(\alpha_t - \beta) \\ &= v_p - \frac{v_p}{n_t \cos(\theta_t - \beta)}\cos(\alpha_t - \beta) \\ &= v_p\left(1 - \frac{\cos(\alpha_t - \beta)}{n_t \cos(\theta_t - \beta)}\right)\end{aligned} \quad (5.23)$$

由式（5.23）可知，影响速度误差修正精度的关键参数为卫星位置处的折射指数 n_t、视在仰角 θ_t 和真实仰角 α_t。卫星位置处的视在仰角可以由 Snell

定律求出 $\theta_t = \arccos\left(\dfrac{A_0}{n_t r_t}\right)$，卫星位置处真实仰角 α_t 可由地心角 φ 和发射站真实仰角 α_0 求出 $\alpha_t = \varphi + \alpha_0$。

按照目前不同类型卫星的运动轨道高度，可将卫星分为近地轨道卫星、中高度轨道卫星和地球静止轨道卫星，不同轨道高度对应不同的折射指数。为了分析速度误差中时延误差分量和弯曲误差分量的变化特性，尤其是复杂的电离层环境带来的影响，令卫星以 $v = 8\text{km/s}$ 的运动速度运行，轨道倾角零度，图 5-12 给出了受电离层影响较大的 P 频段卫星在不同高度下的速度误差分析。

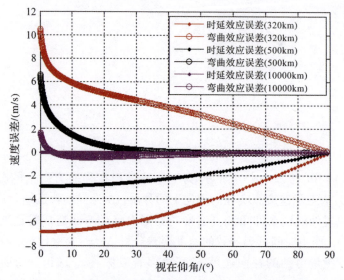

图 5-12　速度时延效应误差和弯曲效应误差比较结果

由图 5-12 可知，在 320km 和 500km 高度处，卫星位置处折射指数 $n_t < 1$，因此时延效应误差 $\Delta v_t < 0$；当高度至 10000km 时，$n_t = 1$，时延效应误差 $\Delta v_t = 0$。弯曲效应误差则比较复杂，在 320km 处，电离层弯曲效应和对流层一致，都会使视在仰角小于真实仰角，因此弯曲效应误差 $\Delta v_l > 0$；而在 500km 高度处，电离层折射指数梯度为正，对射线的弯曲效应与对流层相反，但由于高度较低，因此反作用效果低于之前的弯曲效应，Δv_l 依旧大于零，但明显低于 320km 时的 Δv_l；当高度至 10000km 时，随着仰角的增大，对流层和电离层峰值高度以下的折射弯曲效应逐渐消减，电离层峰值高度以上的反方向弯曲效应累加至一定程度逐渐体现，导致 $\Delta v_l < 0$。

图 5-13 ~ 图 5-16 分别给出了 P、L、S、C 四种不同频段下，几个典型卫星轨道高度处总的速度误差随仰角的变化曲线。

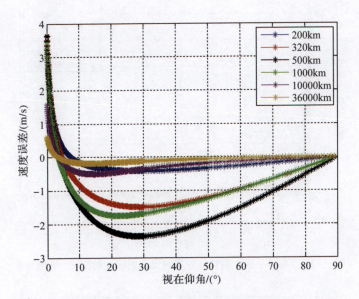

图 5-13 不同卫星轨道高度的速度误差随仰角的变化（P 频段）

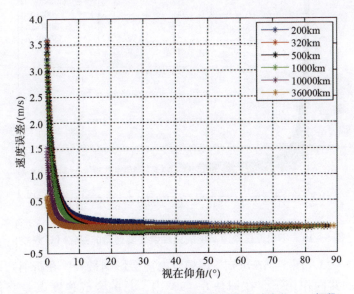

图 5-14 不同卫星轨道高度的速度误差随仰角的变化（L 频段）

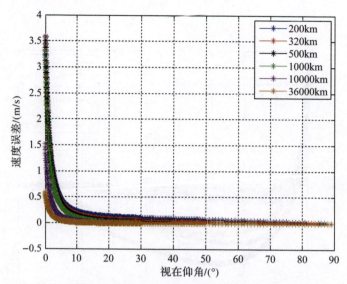

图5-15 不同卫星轨道高度的速度误差随仰角的变化（S频段）

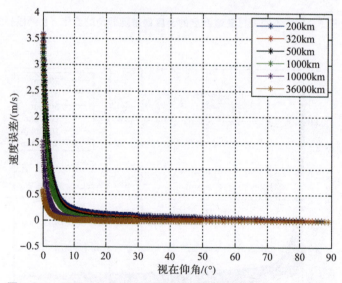

图5-16 不同卫星轨道高度的速度误差随仰角的变化（C频段）

由图5-13~图5-16可知，P频段电离层影响最大，在折射弯曲效应和时延效应的共同作用下，在仰角0~90°内，总的合成速度误差变化范围为3.6m/s~2.4m/s，变化趋势会因为电离层折射效应的改变而发生趋势变化；而到了较高频段：C频段电离层的影响已经很小，可以忽略不计，速度误差主要是由对流层效应引起,全部大于零,且变化趋势单一规律,均随着仰角的增大和卫星高度的升高迅速减小。

5.2.2 射线描迹快速算法

高精度射线描迹技术是根据对流层和电离层的折射指数剖面进行球面分层的积分运算,球面高度分层越密,计算精度越高。然而密集的高度分层会导致算法计算时间成倍增加,尤其是对于区域三维电波环境参数的折射修正,如果对每一组栅格剖面都一一计算修正,将耗费大量运算时间和计算机内存,严重时可导致系统崩溃。为使算法适用于系统应用,可采取以下手段进行高精度电波折射误差的快速修正,以达到系统满足修正精度指标的前提下实现快速修正的目的。

1. 网格划分模型

折射误差与折射率大小以及高度剖面梯度有直接关系,折射率越大,沿射线路径上积分的距离误差越大;折射率梯度越大,电波在介质中不同高度层间的弯曲程度越强,导致仰角误差越大。而折射率高度剖面的特点是:对流层内,低层大气折射率梯度大,高度越高,梯度越小。信息系统对修正系统的实时性要求较高,需在较短时间内完成折射误差修正数据的一次更新。根据不同的高度和仰角间隔(步长)将雷达扫描范围划分为网格,根据频率的实时变化计算每个格点的距离、仰角误差修正量,供信息系统查询。

按照大气折射率沿高度的分布特性,考虑到误差修正精度及修正系统的计算量,采用不等间隔划分方法,在低仰角、低高度处间隔取值较小,随着仰角、高度增加,间隔有所增大,如表5-1和表5-2所列,网格划分示意图如图5-17所示。

表5-1 高度间隔划分

高度/km	间隔/km
0.0~10.0	0.1
10.0~20.0	0.2
20.0~30.0	0.5
30.0~40.0	1.0
40.0~50.0	5.0
60.0~2000	10.0
2000~25000	250.0

表 5-2 仰角间隔划分

仰角/(°)	仰角间隔/(°)
5.0~6.0	0.5
6.0~8.4	1.0
8.4~12.4	2.0
12.4~24.4	3.0
24.4~39.4	5.0
39.4~49.4	10.0
49.4~73.4	12.0
49.4~85.0	16.5

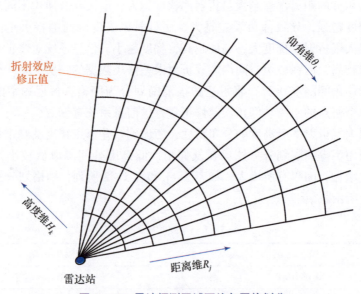

图 5-17 雷达探测区域不均匀网格划分

2. 高度迭代步长自适应技术

传统的射线描迹方法是基于目标的视在距离 R_e 和视在仰角 θ_0，用迭代法逼近目标真实高度 h_T 的方法，也是目前工程中通用的方法，算法流程如下。

①取天线高度 h_0 为迭代初值，即：$h_T = h_0$。

②由式（5.13）计算 $R_e^{(i)}$；如果 $R_e^{(i)} < R_e$，令 $h_T = h_T + \Delta h_i$，Δh_i 为高度迭

代步长（i 为迭代次数，下同）。

③重复步骤②，直至 $R_e^{(i)} > R_e$，记录 $h_T^{(i)}$。

④改变高度迭代步长，令 $\Delta h_i = \Delta h_i/2$，由式（5.12）计算 $R_e^{(i)}$。

如果 $R_e^{(i)} > R_e$，令 $h_T = h_T - \Delta h_i$。

如果 $R_e^{(i)} < R_e$，令 $h_T = h_T + \Delta h_i$。

⑤重复步骤④，直至 $|R_e^{(i)} - R_e| \leq \text{eps}$（eps 为测距精度，根据工程定位精度而定），即得到目标的真实高度 $h_T = h_T^{(i)}$。

传统方法计算目标的真实高度算法中，迭代初始高度取天线高度，造成步骤③中多次重复步骤②，势必会增加运算时间，对于高空目标尤为明显。

式（5.13）两边对 r 求导数，得：

$$\frac{dR_e}{dr} = n\csc\theta_0 \tag{5.24}$$

由于对流层大气折射指数 n 随高度的增加而递减，因此，在视在仰角 θ_0 一定时，视在距离的变化梯度随高度增加是递减的；换言之，如果按视在距离的变化量等比例选取高度步长，计算得到的视在距离大于其真实值。基于此，对迭代算法进行改进，算法流程如下。

①计算目标的虚高 h_v，并作为目标高度的迭代初值，即：$h_T = h_v$。

$$h_v = \sqrt{R_e^2 + (a+h_0)^2 + 2R_e(a+h_0)\sin\theta_0} - a \tag{5.25}$$

②由式（5.13）计算 $R_e^{(i)}$；如果 $R_e^{(i)} > R_e$，令 $h_T = h_T - \Delta h_i$。

③重复步骤②，直至 $R_e^{(i)} < R_e$，记录 $h_T^{(i)}$。

④改变高度迭代步长 $\Delta h_i = \dfrac{R_e - R_e^{(i)}}{R_e^{(i-1)} - R_e^{(i)}}\Delta h_i$，令 $h_T = h_T + \Delta h_i$，由式（5.13）计算 $R_e^{(i)}$。

⑤重复步骤④，直至 $|R_e^{(i)} - R_e| \leq \text{eps}$，即得到目标的真实高度 $h_T = h_T^{(i)}$。

统计表明：大气折射引起的天顶延迟在 2.3m 左右，在 1°时高度误差也有 20m 左右，这使得引入"虚高"，很显然会大大减少步骤③的运算时间；在此不针对这一点与传统方法进行比较，重点比较步骤④对算法的改进效果。

作为试算个例，统一取目标的视在距离 $R_e = 300\text{km}$，取 eps $= 0.01\text{m}$，大气折射率剖面由参考标准大气换算得到，剖面高度步长取 1km；数值积分算法采用龙贝格（Romberg）数值积分算法。

图 5-18 给出了视在仰角 θ_0 在 1°~90°范围内传统方法与改进方法迭代次数的对比结果。

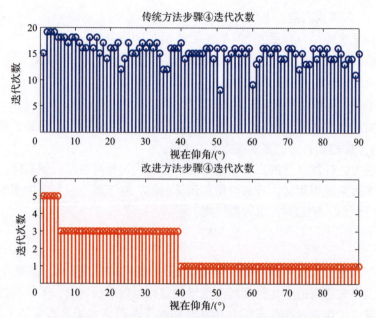

图 5-18 不同视在仰角时两种方法的迭代次数比较

从图 5-18 可以看出,传统方法的迭代次数都在 10 次以上,而改进方法的迭代次数都在 5 次以下,在视在仰角大于 40°时,1 次迭代即可。改进方法大大减少了运算迭代次数。图 5-19 给出了高度迭代步长取剖面步长,其他条件不变的条件下,视在仰角 θ_0 在 1°~90°范围内用改进方法完成一组误差值计算的耗时曲线。

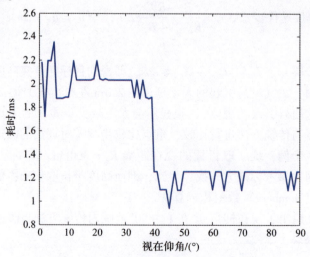

图 5-19 改进方法完成一组误差值的计算耗时随视在仰角变化曲线

当前，测控系统采样间隔多为 1s，在此计算机配置条件下，改进方法完成一组误差值计算的耗时在 3ms 以下，完全可以满足该前提条件下的近实时修正需求。同时，算法中高度迭代步长的选取也会影响计算时间。图 5 – 20 给出的是视在仰角为 5°，高度迭代步长取 0.01 ~ 1km 时改进方法完成一组误差值计算的耗时仿真结果。

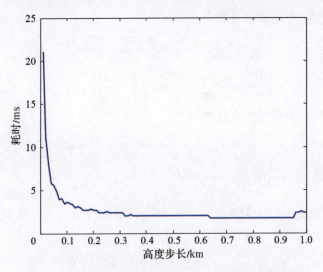

图 5 – 20　不同高度迭代步长完成一组误差值计算耗时

从图中可以很明显看出：高度迭代步长越大，完成一组误差值计算耗时越少，主要是由于高度迭代步长越大，步骤③的耗时越少；如果高度迭代步长足够大，甚至可以直接由步骤②进入步骤④。

5.2.3　三维射线规范方程

为了满足雷达等无线电系统大气折射误差更高探测精度的需求，需要考虑大气折射率在水平方向上的分布情况。例如对于 P 波段雷达而言，当探测距离在电离层内部或超过电离层时，由于电离层为色散介质且具有明显的纬度分布变化特征，随着频率的降低距离折射误差修正量迅速增加，当 P 波段雷达朝南向和北向不同方位观测时，需要考虑电离层水平不均匀性造成的折射误差影响。此时，需要利用三维射线规范方程进行大气折射误差的计算。

三维射线规范方程是通过无线电波传播群速度与折射指数沿空间分布的关系来确定射线轨迹。定义各向同性介质中电磁波法向矢量，即

$$P = n\frac{V}{|V|} = P_x i + P_y j + P_z k \qquad (5.26)$$

式中：n 为大气层折射指数 $n(x,y,z)$；V 为以群速度传播的射线上任意点 (x,y,z) 的群速度，在低层大气中，有

$$V = \frac{\mathrm{d}x}{\mathrm{d}t}i + \frac{\mathrm{d}y}{\mathrm{d}t}j + \frac{\mathrm{d}z}{\mathrm{d}t}k \qquad (5.27)$$

对流层中，射线规范方程为

$$\begin{cases} \dfrac{\mathrm{d}x}{\mathrm{d}t} = \dfrac{c}{n^2}P_x & \dfrac{\mathrm{d}y}{\mathrm{d}t} = \dfrac{c}{n^2}P_y & \dfrac{\mathrm{d}z}{\mathrm{d}t} = \dfrac{c}{n^2}P_z \\ \dfrac{\mathrm{d}P_x}{\mathrm{d}t} = \dfrac{c}{n}\dfrac{\partial n}{\partial x} & \dfrac{\mathrm{d}P_y}{\mathrm{d}t} = \dfrac{c}{n}\dfrac{\partial n}{\partial y} & \dfrac{\mathrm{d}P_z}{\mathrm{d}t} = \dfrac{c}{n}\dfrac{\partial n}{\partial z} \end{cases} \qquad (5.28)$$

电离层中，射线规范方程为

$$\begin{cases} \dfrac{\mathrm{d}x}{\mathrm{d}t} = cP_x & \dfrac{\mathrm{d}y}{\mathrm{d}t} = cP_y & \dfrac{\mathrm{d}z}{\mathrm{d}t} = cP_z \\ \dfrac{\mathrm{d}P_x}{\mathrm{d}t} = nc\dfrac{\partial n}{\partial x} & \dfrac{\mathrm{d}P_y}{\mathrm{d}t} = nc\dfrac{\partial n}{\partial y} & \dfrac{\mathrm{d}P_z}{\mathrm{d}t} = nc\dfrac{\partial n}{\partial z} \end{cases} \qquad (5.29)$$

假设 (x_t, y_t, z_t) 为射线在对流层与电离层的分界点，h_t 为对流层与电离层分界面的海拔高度，通常取 60km。

$$h_t = \sqrt{x_t^2 + y_t^2 + (z_t + h_0 + a)^2} - a \qquad (5.30)$$

式中：a 为地球半径，$x_t = x(t_t)$、$y_t = y(t_t)$、$z_t = z(t_t)$；t_t 为电磁波从信息系统天线沿射线传播到高度 h_t 的时间。天线至高度 h_t 的视在距离 $R_{e_t} = ct_t$，若目标视在距离为 R_e，当 $R_e \leqslant R_{e_t}$ 时目标在对流层内，当 $R_e \geqslant R_{e_t}$ 时目标在电离层内。

如图 5-21 所示取坐标系，雷达天线海拔高度 h_0 为坐标原点，目标的视在方位角 β_e 为 y 轴方向（即方位角从 y 轴起算，向 x 轴方向为正），视在仰角 θ_0 在 yoz 平面内。

在 h_0 处折射指数为 n_0 时的起始条件为

$$\begin{cases} x(t)|_{t=0} = y(t)|_{t=0} = z(t)|_{t=0} = 0 \\ |P_{x(0)}| = |P_x|(x,y,z)|_{x=y=z=0} = 0 \\ |P_{y(0)}| = |P_y|(x,y,z)|_{x=y=z=0} = n_0\cos\theta_0 \\ |P_{z(0)}| = |P_z|(x,y,z)|_{x=y=z=0} = n_0\sin\theta_0 \end{cases} \qquad (5.31)$$

对流层中，$t_k = k\Delta t(t_k \leqslant t_t)$ 时根据式（5.28）可得

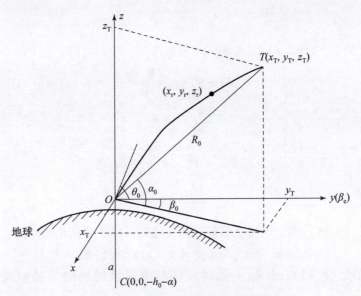

图 5-21 任意大气层折射的几何图

$$\begin{cases} \boldsymbol{W}_k = \boldsymbol{W}_{k-1} + \dfrac{\mathrm{d}\boldsymbol{W}_{k-1}}{\mathrm{d}t}\Delta t \\[2mm] \dfrac{\mathrm{d}\boldsymbol{W}_{k-1}}{\mathrm{d}t} = \dfrac{c}{n_{k-1}^2}\boldsymbol{P}_{k-1} \\[2mm] \boldsymbol{P}_{k-1} = \boldsymbol{P}_{k-2} + \dfrac{\mathrm{d}\boldsymbol{P}_{k-2}}{\mathrm{d}t}\Delta t \\[2mm] \dfrac{\mathrm{d}\boldsymbol{P}_{k-2}}{\mathrm{d}t} = \dfrac{c}{n_{k-2}}\left(\dfrac{\partial n_{k-2}}{\partial x}\quad \dfrac{\partial n_{k-2}}{\partial y}\quad \dfrac{\partial n_{k-2}}{\partial z}\right) \end{cases} \quad (5.32)$$

式中：$\boldsymbol{W}_k = (x_k\ \ y_k\ \ z_k)$；$x_k = x(t_k)$；$y_k = y(t_k)$；$z_k = z(t_k)$；$\boldsymbol{P}_{k-1} = (\boldsymbol{P}_{x_{k-1}}\ \ \boldsymbol{P}_{y_{k-1}}\ \ \boldsymbol{P}_{z_{k-1}})$；$\boldsymbol{P}_{x_{k-1}} = \boldsymbol{P}_x[x(t_{k-1})\ \ y(t_{k-1})\ \ z(t_{k-1})]$；$\boldsymbol{P}_{y_{k-1}} = \boldsymbol{P}_y[x(t_{k-1})\ \ y(t_{k-1})\ \ z(t_{k-1})]$；$\boldsymbol{P}_{z_{k-1}} = \boldsymbol{P}_z[x(t_{k-1})\ \ y(t_{k-1})\ \ z(t_{k-1})]$；$n_{k-1} = n(x(t_{k-1})\ \ y(t_{k-1})\ \ z(t_{k-1}))$。

在式（5.32）中，电磁波沿射线从天线到目标 T 处所用时间为 k_{trop}，满足

$$ck_{\mathrm{trop}}\Delta t \leqslant R_{\mathrm{e}} \leqslant c(k_{\mathrm{trop}}+1)\Delta t \quad (5.33)$$

根据式（5.32），目标 T 处的坐标与电磁波的法向矢量为

$$\begin{aligned} \boldsymbol{W}_{\mathrm{T}} &= (x_{\mathrm{T}}\ \ y_{\mathrm{T}}\ \ z_{\mathrm{T}}) = \boldsymbol{W}_{k_{\mathrm{trop}}} + \dfrac{\mathrm{d}\boldsymbol{W}_{k_{\mathrm{trop}}}}{\mathrm{d}t}\times\Delta t_{\mathrm{trop}} \\[2mm] \boldsymbol{P}_{\mathrm{T}} &= (\boldsymbol{P}_{x_{\mathrm{T}}}\ \ \boldsymbol{P}_{y_{\mathrm{T}}}\ \ \boldsymbol{P}_{z_{\mathrm{T}}}) = \boldsymbol{P}_{k_{\mathrm{trop}}} + \dfrac{\mathrm{d}\boldsymbol{P}_{k_{\mathrm{trop}}}}{\mathrm{d}t}\times\Delta t_{\mathrm{trop}} \end{aligned} \quad (5.34)$$

式中：$\Delta t_{\text{trop}} = \dfrac{R_e - ck_{\text{trop}}\Delta t}{c}$。

电离层中，$t_k = t_t + k\Delta t (t_k \geq t_t)$ 时根据式（5.29）可得

$$\begin{cases} \boldsymbol{W}_k = \boldsymbol{W}_{k-1} + \dfrac{\mathrm{d}\boldsymbol{W}_{k-1}}{\mathrm{d}t}\Delta t \\ \dfrac{\mathrm{d}\boldsymbol{W}_{k-1}}{\mathrm{d}t} = c\boldsymbol{P}_{k-1} \\ \boldsymbol{P}_{k-1} = \boldsymbol{P}_{k-2} + \dfrac{\mathrm{d}\boldsymbol{P}_{k-2}}{\mathrm{d}t}\Delta t \\ \dfrac{\mathrm{d}\boldsymbol{P}_{k-2}}{\mathrm{d}t} = n_{k-2}c\left(\dfrac{\partial n_{k-2}}{\partial x} \quad \dfrac{\partial n_{k-2}}{\partial y} \quad \dfrac{\partial n_{k-2}}{\partial z}\right) \end{cases} \quad (5.35)$$

在式（5.35）中，电磁波沿射线从天线到目标 T 处所用时间为 k_{ion}，满足

$$ct_t + ck_{\text{ion}}\Delta t \leq R_e \leq ct_t + c(k_{\text{ion}} + 1)\Delta t \quad (5.36)$$

根据式（5.35），目标 T 处的坐标与电磁波的法向矢量如式（5.37）所示。

$$\begin{aligned} \boldsymbol{W}_T &= (x_T \quad y_T \quad z_T) = \boldsymbol{W}_{k_{\text{ion}}} + \dfrac{\mathrm{d}\boldsymbol{W}_{k_{\text{ion}}}}{\mathrm{d}t} \times \Delta t_{\text{ion}} \\ \boldsymbol{P}_T &= (P_{x_T} \quad P_{y_T} \quad P_{z_T}) = \boldsymbol{P}_{k_{\text{ion}}} + \dfrac{\mathrm{d}\boldsymbol{P}_{k_{\text{ion}}}}{\mathrm{d}t} \times \Delta t_{\text{ion}} \end{aligned} \quad (5.37)$$

式中：$\Delta t_{\text{ion}} = \dfrac{R_e - c(t_t + k_{\text{ion}}\Delta t)}{c}$。

得到 x_T、y_T、z_T 后，真实方位角如式（5.38）所示。

$$\beta_0 = \arctan\dfrac{x_T}{y_T} \quad (5.38)$$

则方位角误差为

$$\Delta\beta = \beta_e - \beta_0 \quad (5.39)$$

真实仰角为

$$\alpha_0 = \arcsin\dfrac{z_T}{\sqrt{x_T^2 + y_T^2 + z_T^2}} \quad (5.40)$$

仰角误差为

$$\Delta\theta = \theta_0 - \alpha_0 \quad (5.41)$$

真实距离为

$$R_0 = \sqrt{x_T^2 + y_T^2 + z_T^2} \quad (5.42)$$

距离误差为

$$\Delta R = R_e - R_0 \tag{5.43}$$

真实高度为

$$h_\mathrm{T} = \sqrt{x_\mathrm{T}^2 + y_\mathrm{T}^2 + (z_\mathrm{T} + h_0 + a)^2} - a \tag{5.44}$$

高度误差为

$$\Delta h = h_e - h_\mathrm{T} \tag{5.45}$$

5.3 大气折射误差修正系统及典型应用

电波折射误差修正系统根据测控系统、地面雷达、全球导航定位系统以及星载合成孔径雷达等不同应用场景，系统架构在设计时会有所不同，需要综合考虑电波折射误差修正系统的实用性、可靠性、电磁兼容性、隐蔽性以及经济性等各个方面。本节结合作者在电波折射误差修正领域多年工程经验，设计适应于不同应用场景的电波折射误差修正系统架构。

5.3.1 测控系统

测控系统采用应答式跟踪模式，在每次执行任务中只跟踪一个目标，同时还肩负着卫星定轨的需要，航天器测定轨是测控系统的核心能力之一，也是保证航天器正常运行和应用效能充分发挥的重要基础，因此测控系统对目标的探测精度要求较高，测距精度要求可到达厘米级。目前测控系统工作频段多为 S、C 以及 K 波段，对于工作在 S 波段以上测控系统而言，电离层引起的折射误差小于对流层引起的折射误差，特别是 K 波段测控系统电离层引起的折射误差为毫米量级可以忽略。如何实时高精度修正对流层引起的折射误差已成为测控系统折射误差修正的关键，高精度折射误差修正的关键在于获取电磁波信号传播路径大气折射参数。对于对流层折射误差修正而言，在静力平衡条件下，ZHD 可以基于经验模型利用地面气象数据精确地计算，在中国地区，使用 Saastamonien 模型产生的误差在 1mm 以内。由于大气水汽的频繁变化及分布高度不均匀，几乎所有对流层总路径延迟的高频时空变化都是由于 ZWD 的变化造成。

早期的对流层大气折射参数探测及折射误差估计采用无线电探空和对流层延迟经验模型等方式获取。随着测控系统测量精度和实时性需求不断提高，通过为微波辐射计天线配备方位、俯仰转台，保证微波辐射计天线与测控系统天线指向一致，实时探测电磁波传播路径大气水汽含量，高精度反演获取路径斜向 ZWD，实现测控系统对流层折射误差实时高精度修正。图 5 – 24 给出了中国电波传播研究所研制的大气折射误差精细化修正系统不同方向观测时工作状态。

图 5-22 大气折射误差精细化修正系统不同方向观测工作状态

大气折射误差精细化修正系统通过流层探测分系统、电离层探测分系统实现对流层、电离层大气折射参数探测。其中对流层探测分系统包括微波辐射计及温湿压传感器，分别用于探测电磁波传播路径大气辐射亮温和地面温度、相对湿度和气压等大气参数，融合模型算法，实现对流层大气折射参数实时高精度反演。电离层探测分系统为 GNSS 接收机，利用双频 GNSS 信号获取高精度电离层路径电子总含量，实现电离层大气折射参数实时高精度反演。基于三维射线规范方程实现任意目标路径下对流层、电离层一体化实时高精度折射误差修正。

选取青岛、海口、昆明、拉萨、满洲里五个典型气候地区，通过对比对流层折射率剖面和电离层电子密度验证大气折射误差精细化修正系统对流层、电离层大气折射参数探测能力。表 5-3 给出了五个地区以无线电探空仪获得的折射率剖面作为真值得到的对流层折射率剖面偏差和以 IGS 数据作为真值得到的电离层 VTEC 偏差统计结果。对流层折射率剖面平均值为 3.64N，海口和青岛较大，分别为 6.3N 和 5.2N，说明沿海地区气候时空变化较为明显；电离层 VTEC 平均值为 1.19 TECU，昆明和海口较大，分别为 1.40 TECU 和 1.92 TECU，说明电离层在不同纬度地区的时空变化特性。

表 5-3 对流层折射率剖面和电离层 VTEC RMSE 误差统计结果

地区	对流层折射率剖面 RMSE/N	电离层 VTEC RMSE/TECU
青岛	5.20	0.85
海口	6.30	1.92

续表

地区	对流层折射率剖面 RMSE/N	电离层 VTEC RMSE/TECU
昆明	3.50	1.40
拉萨	3.20	1.05
满洲里	1.60	0.77
平均值	3.64	1.19

大气折射误差精细化修正系统可以准确实时地获取对流层折射率、电离层 TEC 等大气环境参数，并通过 5 个典型气候地区的数据分析验证了系统的准确性和优越性。该系统解决了传统气象探空、电离层垂测仪等实测大气环境参数设备的应用局限性，实现了电离层、对流层大气参数的一体化反演，具有高精度、全天候、实时稳定、被动接收不易发现等多个技术优势，可以为高精度测控系统提供环境保障服务和技术支持。

5.3.2 地面雷达

受地面雷达和测控系统不同探测体制和使命任务的影响：地面雷达在执行任务时需要同时监测数百个目标；测控系统关注仰角 15°以上目标探测精度，地面雷达特别是预警雷达更加关注低仰角目标探测精度；测控系统更加关注于距离探测精度，因此地面雷达对目标距离探测精度要求往往低于测控系统；地面雷达如 P 波段远程预警雷达不仅关注于目标距离探测精度同时非常关注目标仰角探测精度。地面雷达工作频率多为 P、L、S、C、X 等波段，对于 P 波段和 L 波段地面雷达而言，电离层引起的距离折射误差大于对流层引起的折射误差。

针对上述地面雷达与测控系统的不同之处，在进行大气折射误差精细化修正系统设计时需要重点考虑多目标、低仰角以及电离层电波折射误差修正。由于电离层空间尺度大（海拔 60~1000km 高度的大气层），随纬度变化剧烈（低纬度存在赤道异常现象图 2-4），对于地面雷达特别是 P 波段远程预警雷达低仰角、远距离探测时，仅仅依靠单一电波环境观测站很难精确反映复杂路径电离层变化对雷达折射误差的影响，难以实现雷达覆盖范围内电波折射误差高精度监测与修正，特别是在雷达波束穿过电离层赤道异常区时，单一电波环境观测站电波折射误差监测与修正能力不足。对于地面雷达特别是 P 波段远程预警雷达大气折射误差系统设计而言，需在雷达探测范围内布设多个电波折射误差监测站,形成区域大气折射参数组网监测能力,精确感知大气折射参数变化,提升雷达折射误差修正精度。中国电波传播研究所为满足远程预警雷达大气折射误差修正需求研制了国内首套雷达电波折射误差组网监测与修正系统。

5.3.3 全球导航定位系统

1. 对流层误差修正技术

由于对流层为非色散介质,导致不同频率电磁波在穿过其内部时具有相同的传播速度,目前全球导航定位系统中采用通过构建对流层经验模型进行对流层折射误差修正。以下给出几种典型的对流层延迟经验模型。

1) Hopfield 模型

Hopfield 模型是 Hopfield 于 1969 年利用全球 18 个气象站一年的平均资料得到的,其假设对流层大气温度下降率为常数 6.8℃/km。天顶方向的延迟计算公式为

$$\Delta L_d = 77.6 \times \frac{P}{T} \cdot \frac{h_d - h}{5} \times 10^{-6} \tag{5.46}$$

$$\Delta L_w = 77.6 \times 4180 \times \frac{e_s}{T^2} \cdot \frac{h_w - h}{5} \times 10^{-6} \tag{5.47}$$

式中:P 为测站地面气压(hPa);T 为测站地面气温(K);e_s 为测站地面水汽压(hPa);h_w 为湿大气的顶高(m),h_w 一般可取值 11000m;h_d 为干大气的顶高(m),即

$$h_d = 40136 + 148.98 \times (T - 273.16) \tag{5.48}$$

此处地面水气压 e_s 计算公式为

$$e_s = RH \times 6.11 \times 10^{\frac{7.5 \times (T - 273.3)}{T}} \tag{5.49}$$

式中:RH 为地面的相对湿度(%)。

2) Black 模型

Black 模型在映射函数中加入了路径弯曲改正,天顶方向的干、湿延迟的计算方法为

$$\Delta L_h = 0.002343 \times \frac{(T - 4.12)}{T} \times P \tag{5.50}$$

$$\Delta L_w = 0.0746512 \times \frac{e_s \cdot h_w}{T^2} \tag{5.51}$$

其斜路径方向的映射函数为

$$\begin{cases} mf(\theta) = \sqrt{1 - \left[\dfrac{\cos(\theta)}{1 + (1 - l_0(\theta)h/r_s)}\right]^2} - b(\theta) \\ l_0(\theta) = 0.833 + [0.076 + 0.00015(T - 273.16) - 0.3\theta] \\ b(\theta) = 1.92(\theta^2 + 0.6) - 1 \end{cases} \quad (5.52)$$

式中：r_s 为地球半径。

3) Saastamonien 模型

Saastamonien 模型采用中纬度美国大气模型确定模型系数，天顶方向的干、湿延迟计算方法为

$$\Delta L_h = 0.002277 \times \frac{P}{f(\varphi, h)} \quad (5.53)$$

$$\Delta L_w = 0.002277 \times \left[\frac{1225}{T} + 0.05\right] \cdot \frac{e_s}{f(\varphi, h)} \quad (5.54)$$

$$f(\varphi, h) = 1 - 0.00266\cos(2\varphi) - 0.00000028h \quad (5.55)$$

式中：φ、h 分别为纬度和顶高。

4) 映射函数

为精细化计算斜路径延迟，Niell、Boehm 等学者先后提出了 Niell 映射函数（Niell Mapping Function，NMF）、全球映射函数（Global Mapping Function，GMF）、维也纳系列映射函数模型（Vienna Mapping Function，VMF），并在 VLBI 测量中被广泛使用。

通常对流层延迟经验模型的计算方法，是将斜路径延迟表示为天顶静态动力学延迟（也称干延迟）和非静动力学延迟（也称湿延迟）与对应映射函数相乘并求和的形式，即

$$\Delta L(\theta) = \Delta L_d m f_d(\theta) + \Delta L_w m f_w(\theta) \quad (5.56)$$

式中：$\Delta L(\theta)$ 为仰角为 θ 时的路径方向的对流层总延迟量；ΔL_d 和 ΔL_w 为对流层延迟的干、湿分量；$mf_d(\theta)$ 和 $mf_w(\theta)$ 分别为仰角为 θ 时的干、湿分量的映射函数。目前，常用的映射函数模型有 NMF、GMF 等，均采用 3 阶连分式，即

$$mf_i(\theta) = \dfrac{1 + \dfrac{a_i}{1 + \dfrac{b_i}{1 + c_i}}}{\sin(\theta) + \dfrac{a_i}{\sin(\theta) + \dfrac{b_i}{\sin(\theta) + c_i}}} \quad (5.57)$$

式中：a_i、b_i、c_i 为干（或湿）映射函数的分式系数，各种映射函数模型主要

的差异是此分式系数项不同。

2. 电离层误差修正技术

电离层为色散介质，不同频段的无线电波通过电离层时产生的延迟误差不同，目前卫星导航系统通过搭载不同频点的 GNSS 信号，可有效消除电离层折射对卫星导航系统的影响。但对于 GNSS 信号接收条件较差场景，采用单频定位时需考虑电离层误差对卫星导航系统的影响，以下介绍不同卫星导航系统所采用的电离层延迟经验模型。

1）GPS 系统

GPS 系统建设初期，由于接收机计算和处理能力有限，因此用户端的电离层模型需具有简单的实现形式。J. A. Klobuchar 在电离层修正模型实现的基础上，提出了一种"一阶全球电离层延迟算法"，用以对电离层模型进行进一步的简化，以满足用户实现需求，此即 GPS 系统中的 Klobuchar 模型。Klobuchar 模型的设计开发基于实测数据与 Bent 模型实现，并针对 GPS 系统应用需求进行简化。Klobuchar 模型中，将日间和夜间电离层延迟分别用半余弦函数和常数表示，由实测数据以及利用实测数据更新的 Bent 模型给出全球电离层延迟分布后，再通过对 Klobuchar 模型的拟合，获取 Klobuchar 模型的 8 个参数估计。

2）GALILEO 系统

欧洲航天局（European Space Agency，ESA）针对 GALILEO 系统电离层折射误差修正的需求，在经验电离层模型 NeQuick 的基础上发展出的一种基于数据驱动的电离层模型（NeQuick G）。由于 NeQuick 模型所采用太阳活动参数都是每月平均值，而不是每天的参数值，为了像 Klobuchar 模型一样提供给 Galileo 单频接收机用户每天的电离层改正值，需要利用数据驱动技术进一步将模型进行优化。为将该模型最优化，首先在全球范围内选取一些监测站（IGS 跟踪站等）。每个站在计算倾斜电子总含量时，卫星截至高度角设为 25，低于该高度角的值剔除，采样时间间隔设为 15 分钟；其次利用监测站得到的电离层倾斜总电子含量（Slant Total Electron Content，STEC）值与 NeQuick 模型得到的 STEC 值计算有效电离水平因子 Az；最后每个站将得到的所有电离层 TEC 最优化来选取 Az，并将其作为该站的 Az 参数，再利用所有监测站的 Az 参数值拟合全球计算 Az 参数值函数。最后可以利用最优化的 Az 参数给出数据驱动后的电离层电子密度信息。

3）北斗系统

北斗全球电离层延迟修正模型（BeiDou Global Ionospheric Delay Correction Model，BDGIM）包括播发项和非播发项参数，其中发播项为 9 个模型参数，而非发播项的参数信息则固化于用户接收机端。BDGIM 模型的数学结构为

$$\begin{cases} T_{ion} = \text{mf} \cdot \dfrac{40.3 \cdot 10^{16}}{f^2} \cdot \text{VTEC} \\ \text{VTEC} = \text{mf} \cdot \dfrac{40.3 \cdot 10^{16}}{f^2} \cdot \left[\sum_{i=1}^{9} \alpha_i A_i + N_0 \right] \end{cases} \quad (5.58)$$

式中：T_{ion} 为卫星与接收机视线方向的电离层延迟改正值（m）；mf 为电离层投影函数，用于 VTEC 和 STEC（斜向电离层总电子含量）之间的转换，其计算公式见式 (5.59)；f 为当前信号对应的载波频率（Hz）；α_i 为 BDGIM 模型的播发参数（TECU），由区域/全球北斗监测站数据计算得到；A_i 为根据电离层穿刺点位置及观测时刻计算得到的数值，其计算公式见式 (5.60)；N_0 为电离层延迟预报值（TECU），由固化于用户接收机端的预报系数、电离层穿刺点位置及观测时刻计算得到。

$$\text{mf} = \frac{1}{\cos Z'} = \frac{1}{\sqrt{1 - \left(\dfrac{R}{R + H_{ion}} \sin Z\right)^2}} \quad (5.59)$$

式中：R 为地球半径，取值为 6378km；H_{ion} 为电离层薄层高度，取值为 400km；Z' 为电离层穿刺点处的卫星天顶距；Z 为接收机位置处的卫星天顶距。

$$A_i = \begin{cases} N_{n_i,m_i} P_{n_i,m_i}(\sin\varphi') \cos(m_i \lambda') & m_i \geq 0 \\ N_{n_i,m_i} P_{n_i,m_i}(\sin\varphi') \sin(-m_i \lambda') & m_i < 0 \end{cases} \quad (5.60)$$

式中：φ' 及 λ' 分别为日固系下电离层穿刺点处的地磁纬度和地磁经度（rad）；n_i 及 $m_i(i=1\sim9)$ 分别为第 i 个播发参数对应的球谐函数阶次；N_{n_i,m_i} 为正则化函数，计算公式见式 (5.61)（式中 $m=0$ 时，$\delta_{0,m}$ 的值为 1；$m>0$ 时，$\delta_{0,m}$ 的值为 0）；P_{n_i,m_i} 为标准勒让德函数，计算公式为（式中 n、m 均取绝对值）

$$N_{n,m} = \sqrt{\frac{(n-m)! \cdot (2n+1)! \cdot (2-\delta_{0,m})}{(n+m)!}} \quad (5.61)$$

$$\begin{cases} P_{n,m}(\sin\varphi') = 1 & n = m = 0 \\ P_{n,m}(\sin\varphi') = (2n-1)!! \ (1-(\sin\varphi')^2)^{\frac{\pi}{2}} & n = m \\ P_{n,m}(\sin\varphi') = \sin\varphi' \cdot (2m+1) P_{m,m}(\sin\varphi') & n = m+1 \\ P_{n,m}(\sin\varphi') = \dfrac{(2n-1)\sin\varphi' \cdot P_{n-1,m}(\sin\varphi') - (n+m-1) P_{n-2,m}(\sin\varphi')}{n-m} & \text{其他} \end{cases}$$

$$(5.62)$$

$$N_0 = \sum_{j=1}^{17} \beta_j B_j \quad (5.63)$$

$$B_j = \begin{cases} N_{n_j,m_j} P_{n_j,m_j}(\sin\varphi')\cos(m_j\lambda') & m_j \geq 0 \\ N_{n_j,m_j} P_{n_j,m_j}(\sin\varphi')\sin(-m_j\lambda') & m_j < 0 \end{cases} \quad (5.64)$$

式中：β_j 为 BDGIM 模型的非播发参数，由一系列预报系数计算得到，其计算公式见式（5.65）；n_j 与 m_j 分别为第 j 个非播发参数对应的球谐函数阶次；N_{n_j,m_j} 为正则化函数，P_{n_j,m_j} 为标准勒让德函数，其计算公式分别见式（5.61）、式（5.62）。

$$\begin{cases} \beta_j = \sum_{k=0}^{12} (a_{k,j}\cos(\omega_k t_k) + b_{k,j}\sin(\omega_k t_k)) \\ \omega_k = \dfrac{2\pi}{T_k} \end{cases} \quad (5.65)$$

式中：T_k 为各非播发参数对应的预报周期；$a_{k,j}$ 及 $b_{k,j}$ 为 BDGIM 模型的非发播系数（TECU）；t_k 为对应当天约化儒略日的奇数整点时刻（01:00:00,03:00:00,05:00:00,…,23:00:00），用户计算时选取距离当前计算时刻最近的一组参数即可，无须重复计算。此外，为避免 BDGIM 模型计算的 VTEC 出现负值，VTEC 最小值计算为

$$\text{VTEC}_{\min} = \begin{cases} \max(\alpha_0/10, \text{VTEC}) & \alpha_0 \geq 35 \\ \max(\alpha_0/8, \text{VTEC}) & 20 \leq \alpha_0 < 35 \\ \max(\alpha_0/6, \text{VTEC}) & 12 \leq \alpha_0 < 20 \\ \max(\alpha_0/4, \text{VTEC}) & 其他 \end{cases} \quad (5.66)$$

总体上，BDGIM 模型的主要特点可概括为以下几方面。

（1）模型以球谐函数为基础，球谐函数是描述全球高精度电离层 TEC 时空变化较优的数学模型之一。

（2）模型根据不同球谐系数对电离层 TEC 计算贡献的大小将球谐函数系数分为播发参数和非播发参数两类，通过这种方式，模型既减少了电离层球谐函数播发参数个数，同时通过对选取的非播发参数进行建模预报，尽可能保留了高阶次球谐系数对全球电离层 TEC 空间分辨率的贡献，确保了采用的球谐函数对全球电离层 TEC 的精确描述能力。

（3）BDGIM 模型通过引入设计合理的背景电离层信息，基于境内监测站及少量境外监测站观测数据实现了模型播发参数的更新计算，尽可能地解决了一定时期内 BDS 进行海外监测站引发的问题。

5.3.4 星载合成孔径雷达

以低轨道星载合成孔径雷达（Low Earth Orbit Synthetic Aperture Radar,

LEO-SAR）为例，其一般在几百公里高度的卫星轨道上运行，具有全天时、全天候工作的特点，不仅能探测地表，也能探测到地面以下，在情报、侦察、监视、通讯、遥感（对地观测）等领域都发挥着重要的作用，因而被广泛应用在民用和军事领域。目前在轨的 LEO-SAR 工作频段主要为 X、C、L 频段，另外由于 P 频段的穿透能力强，在侦察探测地下目标等方面优势较为明显，也正在成为各国研究的热点。

LEO-SAR 在工作过程中，电波环境的优劣程度会直接影响到系统的成像质量。大气折射效应对 LEO-SAR 的影响主要表现为目标成像位置的偏移和分辨率降低，因此合理定量地修正补偿大气折射效应造成的系统误差对 LEO-SAR 高质量成像至关重要。

对于既可以大面积探测地形环境，又可以精确定位地面动目标的 LEO-SAR 来说，大气折射对传播路径上电磁波射线的弯曲效应会造成 LEO-SAR 图像在距离上的偏移；而传播时延的色散效应造成的二次相位误差会对接收信号造成脉冲展宽，使 LEO-SAR 图像分辨率降低，产生畸变。因此，这里主要针对这两种效应进行建模，定量分析大气折射对目标成像的距离向偏移和分辨率的影响。

图 5-23 为 LEO-SAR 的射线轨迹示意图，其中 D 点为卫星星下点，A 点为雷达下视角探测的视线向与地表交点，A' 为由于大气折射效应造成射线弯曲后目标的真实位置，则成像点的距离向图像偏移量即 AA' 段。

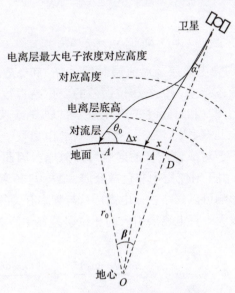

图 5-23　SAR 射线轨迹示意图

在电离层最大电子浓度（对应最小折射指数）高度以上，大气折射指数随高度的升高而增大，射线偏离星下点方向弯曲；而在电离层最大电子浓度对应高度以下，大气折射指数随高度的升高而减小，射线趋向星下点方向弯曲。因此，若电离层顶部电子总量对射线的弯曲作用足够大，则 A' 点将位于 AD 段以外，反之则位于 AD 段以内。记 $A_0 = n_0 r_0 \cos\theta_0$。其中，$r_0$ 为地球半径，n_0 为地面处折射指数，θ_0 为地面处视在仰角。由基于 Snell 定律的射线描迹算法可得目标与卫星的地心张角 β 为

$$\beta = A_0 \int_{r_0}^{r_l} \frac{\mathrm{d}r}{r\sqrt{n^2 r^2 - A_0^2}} \quad (5.67)$$

则星下点 D 与像点 A' 的水平距离为

$$x' = r_0 \beta = r_0 A_0 \int_{r_0}^{r_l} \frac{\mathrm{d}r}{r\sqrt{n^2 r^2 - A_0^2}} \quad (5.68)$$

目标的视在位置点 A 到星下点的距离 x 可由三角形几何关系得出，于是地面的距离向漂移量为 $\Delta x = x - x'$。

电磁波信号在实际大气中的传播速度小于光速，因此相对于自由空间会产生一定的时延以及相位误差。电离层中的折射指数小于 1，会产生相位超前，而在对流层中的折射指数大于 1，因而会产生相位延迟。由电离层和对流层造成的相位误差（双程）可分别写为

$$\varphi_i = -\omega \cdot 2\Delta t_i = -\frac{4\pi}{\lambda} \Delta R_i \quad (5.69)$$

$$\varphi_t = \omega \cdot 2\Delta t_t = \frac{4\pi}{\lambda} \Delta R_t \quad (5.70)$$

式中：Δt_i 和 Δt_t 分别为电离层、对流层时延；ΔR_i 和 ΔR_t 分别为电离层、对流层延迟。对于成像系统来说，若相位误差的变化是常数，即 ΔR_i 和 ΔR_t 在系统成像时间内不随频率和时间改变，则系统可以实现无失真传输。对于合成孔径时间为几秒甚至几毫秒的 LEO-SAR 来说，电离层、对流层大气在成像时间内的变化量很小，对成像质量的影响可以忽略，因此这里只讨论 ΔR_i 和 ΔR_t 随频率的变化。由于对流层为非色散介质，ΔR_t 与频率无关，因此对流层相位延迟对系统的影响可以忽略；而电离层是与频率有关的色散介质，因此电离层相位误差影响较大。将电离层引入的相位误差在中心频率 ω_0 处进行泰勒级数展开，可得：

$$\phi_i = \phi_0 + \phi_1(\omega - \omega_0) + \phi_2 \frac{(\omega - \omega_0)^2}{2} + \phi_3 \frac{(\omega - \omega_0)^3}{6} + \cdots \quad (5.71)$$

从式 (5.71) 可以看出，电离层引入的相位误差既有常数相位误差，也

有一次、二次以及高次相位误差。这里主要讨论二次相位误差引起的距离向分辨率的下降。式（5.71）中的二次相位色散因子为

$$\phi_2 = -\frac{40.4}{\pi c f_0^3 \cos\alpha} N_T \qquad (5.72)$$

式中：N_T 为电磁波射线垂直路径上的电离层电子总量；α 为卫星下视角。则由二次相位误差引起的接收信号脉冲宽度为

$$\tau_R \approx \tau_T \sqrt{1 + 6.1\Delta f^4 \phi_2^2} \qquad (5.73)$$

式中：Δf 为系统带宽；τ_T 为发射信号的脉冲宽度。则接收信号的目标图像距离向分辨率为

$$\delta_R \approx \frac{c\tau_R}{2} \qquad (5.74)$$

这里针对目前在轨的不同轨道高度和频段的 LEO – SAR 系统工作参数进行大气折射效应比较分析。图 5 – 24 ~ 图 5 – 26 分别给出了上述大气折射指数剖面环境下，LEO 卫星轨道分别为 300km、600km、800km 时不同频段雷达系统的距离向漂移量。

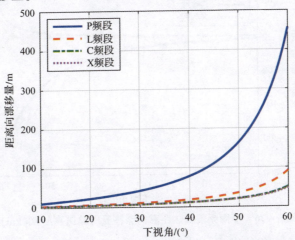

图 5 – 24　不同频段雷达距离向漂移量（轨道高度 300km）

由图 5 – 24 可知，该剖面环境下，轨道高度 300km 时位于最小折射指数对应高度（约 400km）之下，电离层与对流层折射指数均随高度的增加而减小，对射线的折射作用趋向星下点，因此图 5 – 24 中所有频段下的漂移量均大于零，且随着频率的减小而增大，P 频段时可达近 500m；轨道高度 600km 时略高于最小折射指数对应高度（约 400km），电离层在 400 ~ 600km 时其折射作用与 400km 以下时相反，偏离星下点。在 P 频段下视角较小时，偏离作用

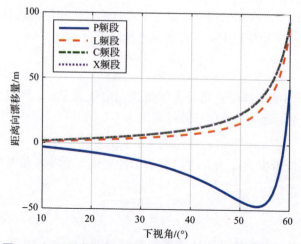

图 5-25　不同频段雷达距离向漂移量（轨道高度 600km）

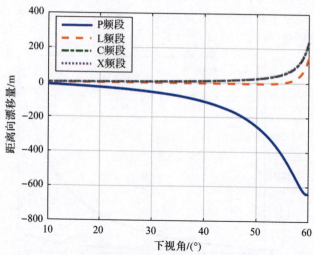

图 5-26　不同频段雷达距离向漂移量（轨道高度 800km）

较大，而随着下视角的增大，射线在 400km 以下的路径长度迅速增大，导致其漂移量迅速由负转正。而在其他频段，偏离作用明显弱于趋向星下点作用，漂移量均大于零；而当轨道高度高达 800km 时，其高度远高于最小折射指数对应高度（约 400km），P 频段的电离层偏离作用相当大，最高可达近 700m，而到了 L 频段，两种作用效果相当，导致漂移量接近于零。在 C、X 频段，漂移量与电离层环境的关系非常小，主要与轨道高度和对流层环境有关，因此当对流层环境确定时，漂移量主要随轨道高度的升高而增大。

目标的距离向漂移量主要会影响分辨率较高的合成孔径雷达，以美国的长曲棍球侦察雷达系列为例，该 LEO-SAR 工作在 L、X 两种频段，轨道高度近 700km，分辨率可达 0.3～1m，则由分析结果可知，L、X 频段的漂移量在大视角时已远高于分辨率，必须对其进行环境效应补偿才能得到准确的目标位置。

相位误差的变化会降低 LEO-SAR 的成像分辨率，只要二次相位误差大于 $\pi/4$，就会导致系统图像畸变。这里令射线路径上的电离层 TEC 为 60TECU，系统带宽 120MHz，则不同频段的二次相位误差随下视角的变化如图 5-27 所示。

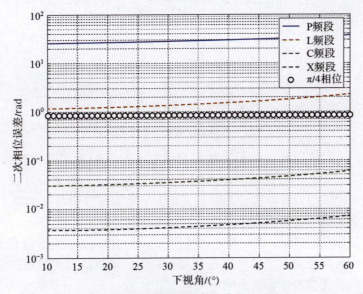

图 5-27　不同频段雷达二次相位误差

由图 5-27 可知，对于宽带系统来说，P、L 低频段雷达的二次相位误差均高于 $\pi/4$，说明此时的电离层环境已使 LEO-SAR 的图像产生畸变；而 C、X 较高频段的二次相位误差均低于 $\pi/4$，说明电离层环境对该频段范围的 LEO-SAR 成像质量影响较小，可以忽略。

图 5-28 给出了相同条件下雷达成像的距离分辨率恶化程度随下视角的变化。由图可知，分辨率恶化程度与二次相位误差的趋势一致。P 频段最高可达 1000% 以上，而在 C、X 较高频段则低于 0.01%，对成像质量的影响可以忽略。

针对当前在轨的 LEO-SAR 系统参数和工作方式，本书论述了电离层、对流层大气折射效应对系统成像质量的影响。通过对三亚地区典型气候的环境剖面仿真，详细分析了不同系统参数下雷达目标成像的距离向漂移和分辨率的变化，得出以下结论。

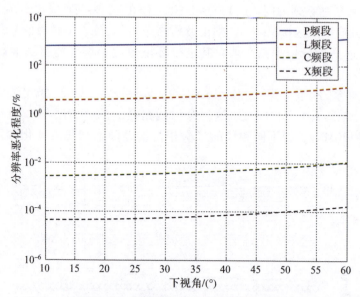

图 5-28 不同频段雷达分辨率恶化程度

电离层、对流层的大气折射效应会引起 LEO-SAR 的图像偏移。其中，对流层环境剖面令 SAR 图像的距离向漂移趋向星下点；电离层环境剖面会显著影响低频段雷达目标漂移量的变化，其大小和偏移方向与电离层 TEC 以及电子浓度最大值（折射指数最小值）对应高度密切相关。

电离层活动剧烈时，其时延色散特性引起的相位误差变化会降低宽带低频段 LEO-SAR 的距离向分辨率。在 C 频段以上，电离层引起的相位误差变化对 LEO-SAR 图像畸变程度影响不大。

参考资料

[1] 严豪健, 符养, 洪振杰. 现代大气折射引论 [M]. 上海：上海科技教育出版社, 2006.
[2] 刘玉梅, 陈祥明, 赵振维, 等. 高精度折光修正系统射线描迹快速算法 [J]. 电波科学学报, 2015, 30 (4)：749-753.
[3] 刘友永, 郭肃丽, 金松坡. 高精度单向测速系统中电波传播引入的测速误差分析 [J]. 飞行器测控学报, 2010, 29 (5)：20-24.
[4] 孙方, 朱庆林, 刘琨, 等. 大气折射引起的卫星测控系统速度误差分析 [J]. 电波科学学报, 2022, 37 (5)：810-816.
[5] 孙方, 康士峰, 赵振维, 等. 快速算法实现电离层短波射线追踪 [J]. 通信技术, 2010, 43 (7)：14-16.
[6] 李建胜. 电离层对雷达信号和导航卫星定位影响的分析与仿真研究 [D]. 郑州：解放军信息工程

大学，2011.
[7] 丁宗华，陈春. 电离层色散效应对线极化雷达信号的影响分析 [J]. 电波科学学报，2011，26（1）：30 - 33.
[8] 刘琨，袁志刚，周晨，等. 高轨道目标电离层折射修正方法研究 [J]. 电波科学学报，2021，36（5）：692 - 696.
[9] 甄卫民，欧明，朱庆林，等. 电离层探测及模化技术研究综述 [J]. 电波科学学报，2023，38（4）：625 - 645.
[10] 朱庆林，孙方，刘琨，等. 大气折射效应对 LEO - SAR 成像质量的影响 [J]. 现代雷达，2018，40（1）：51 - 55.
[11] 袁运斌，李敏，霍星亮，等. 北斗三号全球导航卫星系统全球广播电离层延迟修正模型（BDGIM）应用性能评估 [J]. 测绘学报，2021，50（4）：436 - 447.

第6章 反常大气折射环境特性及误差修正技术

在局部球对称地球大气中,用信号路径曲线近地点的地心距 r 表示的 Bouquer 公式为

$$a = rn(r) \tag{6.1}$$

它是 r 的单值函数。在低对流层中可能存在很大的大气折射率垂直梯度层(来自水汽含量的突变和较大逆温的存在),一条近地点落在此层中的信号将在此层内部折射,弯曲角趋向无穷大,这种现象称为超折射。若把以上关系写成

$$r_1 n_1 = r_2 n_2 \tag{6.2}$$

式中:下标 1 和 2 分别表示在超折射层的下底面和上顶面,则有

$$\frac{\Delta N}{\Delta r} = 10^6 \frac{\Delta n}{\Delta r} = 10^6 \frac{n_1 - n_2}{r_1 - r_2} = 10^6 \frac{n_1 - n_2}{r_1(1 - n_1/n_2)}$$

$$= -10^6 \frac{n_2}{r_1} \approx -0.157 \mathrm{m}^{-1} \tag{6.3}$$

以上推导中,取 $n_2 \approx 1$,r_1 为地球平均半径 6371km。由式(6.1)、式(6.3),可以把大气折射率 N 与折射半径 a 的关系写成

$$\frac{1}{a} = -\frac{\mathrm{d}N}{\mathrm{d}h} \times 10^{-6} \tag{6.4}$$

由此可以看出,当大气折射率的垂直梯度为正值时,电磁波路径的曲率为负数,传播路径向上弯曲;当大气折射率的垂直梯度为零时,电磁波传播路径为直线;当大气折射率的垂直梯度为负值时,信号路径曲线向下弯曲。真实球面大气中 5 种典型的大气折射效应如图 6-1 所示。

图 6-1 中的负折射、临界折射和超折射现象都属于非正常折射,这里统称为反常折射。在中性大气层,负折射可能发生在温度随高度上升而下降、湿度随高度上升而增大的层面上,大气负折射的出现概率极小,因此这里不做赘述,主要介绍对流层低层大气中经常发生的超折射现象。

图 6-1 真实球面地大气中的 5 种折射效应

1—负折射；2—无折射；3—正常折射；4—临界折射；5—超折射。

为了更明确地体现反常折射与正常折射的区别，通常将实际的球面处理成平面，因此需要另外定义一个物理量：大气修正折射率 M，它与大气折射率 N 的关系为

$$M = N + \frac{h}{r_e} \times 10^6 = N + 0.157h \tag{6.5}$$

当将球面地等效为平面地时，平面地大气中 5 种典型的大气折射效应为

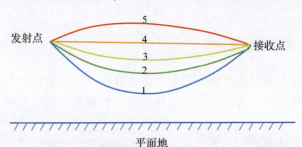

图 6-2 等效平面地大气中的 5 种折射效应

1—负折射；2—无折射；3—正常折射；4—临界折射；5—超折射。

如果用大气折射率 N 和大气修正折射率 M 的定义来进行大气折射类型的划分，可以得到表 6-1。

表 6-1 大气折射类型

折射类型	折射率梯度 (N)/km	修正折射率梯度 (M)/km
负折射	$dN/dh > 0$	$dM/dh > 157$
无折射	$dN/dh = 0$	$dM/dh = 157$
正常折射	$-79 \leq dN/dh < 0$	$79 < dM/dh < 157$

续表

折射类型	折射率梯度 (N)/km	修正折射率梯度 (M)/km
超折射	$-157 < dN/dh < -79$	$0 < dM/dh < 79$
临界折射	$dN/dh = -157$	$dM/dh = 0$
陷获折射	$dN/dh < -157$	$dM/dh < 0$

6.1 大气波导简介

表 6-1 引用了修正折射率 M 将球面地等效为平面地，当 $dM/dh < 0$ 时，射线的曲率为正，此时，电波由于大气折射会弯向地球表面，并在地球表面发生反射或散射后向上传播，随后电波仰角由于折射效应减小至零，然后重新向下弯曲重复之前的传播过程，这种电波被限制在对流层一个狭窄的区域内传播的情况称为陷获，通常把这种可以形成陷获层的超视距电波传播现象称为大气波导传播。

6.1.1 大气波导生成机制

大气波导是对流层边界层大气中经常出现的一种反常折射现象，它具有明显的空间尺度和区域地理特征，并与伴随的天气现象、天气过程以及气象环境密切相关。

大气波导形成的两大主要原因是大气的逆温和湿度的剧减现象，从而导致了表面波导、悬空波导、蒸发波导等不同类型的大气波导。其中，大气逆温指的是温度随高度增加而升高；湿度剧减指的是水汽密度随高度增加迅速下降。上述两种现象主要体现在以下天气学过程。

1) 海表面附近海水的蒸发

海面的蒸发过程是蒸发波导形成的主要机制（图 6-3）。大气和海洋的边界层存在的不平衡热力结构导致了海-气的相互耦合，使得大面积的海水表面发生水汽蒸发现象，海水表面层附近的水蒸气在风速作用下扩散至一定范围，形成了一定高度的界面，界面上空是水汽含量较少的干空气，界面下方是水汽含量较多的湿空气，海表面的水汽含量是饱和的，因此，从海表面到界面层内，水汽含量随高度迅速减少，从而形成了蒸发波导。

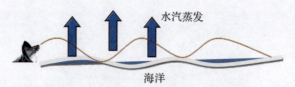

图6-3 海面水汽蒸发过程示意图

2) 空气的平流运动

空气的平流运动是干热的空气流向湿冷的表面，比如陆地上的干热空气流过冷湿的海面时，来自地面的空气将热量传递给了海面使得自身温度下降，另一方面，海面由于受热蒸发，水汽进入贴近海面的空气层，于是温度逆增层和湿层同时存在，此时表面波导便得以形成，如图6-4所示。

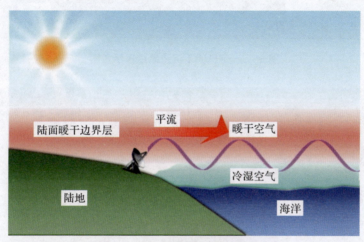

图6-4 空气的平流逆温过程示意图

3) 空气的下沉运动

在反气旋天气时，由于高空干冷而且较稀薄的空气下沉后受到周围空气的压缩而被加热，导致某一高度范围的空气干热，形成温度逆增和湿度剧减的大气波导层结，这种波导多在离地面一定高度上出现，称为悬空波导，如图6-5所示。

4) 空气的辐射冷却

在沙漠和干旱内陆地区，白天由于太阳的强烈照射和上下层空气的热交换，地表和空气的温度可能很高，但进入夜间后，地面的热辐射使地表和空气温度迅速降低，于是形成逆温波导层。逆温层的厚度从几米到几百米，凌晨日出前最强，日出后逐渐消失，如图6-6所示。

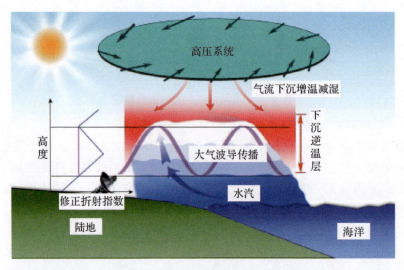

图 6-5 空气的下沉逆温过程示意图

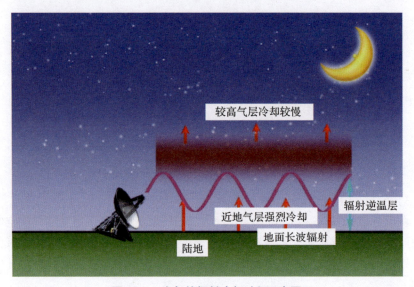

图 6-6 空气的辐射冷却过程示意图

6.1.2 大气波导类型

如上节所述,不同的天气学过程导致不同类型的大气波导,这里按照波导高度、波导层结的修正折射率分布特性划分,可分为蒸发波导、有基础层的表面波导、无基础层的表面波导,以及悬空波导。

1) 蒸发波导

蒸发波导是由海洋表面的饱和水汽压沿高度迅速下降产生（图6-7）。水汽的快速下降导致大气修正折射率 M 随高度指数型递减，当达到某个较大高度时，水汽分布使修正折射率 M 达到一个最小值，此后将随高度逐渐增加，M 最小值对应的高度即蒸发波导高度。

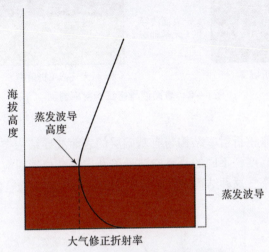

图6-7 蒸发波导修正折射率剖面

蒸发波导在海洋上方几乎永久性存在，波导高度一般在高纬度冬季的夜间最小，基本在5m以下；在低纬度赤道附近夏季的白天最大，最高可达40m左右。全球蒸发波导高度平均在13m左右。蒸发波导高度较低，获得波导高度参数可以采用气象探空或气象梯度仪直接测量，但目前采用最多的是通过测量海上气象参数和海表温度并基于海-气作用相似性理论发展的模型进行预测。

2) 表面波导

根据表面波导修正折射率负梯度层底高位置又可将表面波导分为无基础层的表面波导和有基础层的表面波导（图6-8）。我们将修正折射率负梯度层称为波导陷获层，当陷获层底部为地球表面时，称作无基础层表面波导，当陷获层底部离地面有一定高度，而陷获层顶高位置对应的修正折射率小于地面修正折射率时，称作有基础层的表面波导。

表面波导的发生概率远小于蒸发波导的发生概率，多发于沿海区域的夏秋季，一般年平均发生概率为40%左右。表面波导高度从几十米到几百米范围变化，与蒸发波导相比，由于波导高度明显高于蒸发波导，因此对满足波导传播条件电磁波的捕获能力较强。

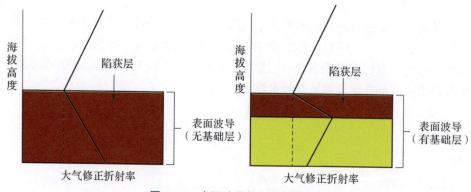

图 6-8　表面波导修正折射率剖面

3）悬空波导

悬空波导的修正折射率结构与有基础层的表面波导结构类似，其陷获层底部离地面有一定高度，不同的是悬空波导陷获层顶高位置对应的修正折射率大于地面修正折射率，这种结构的修正折射率剖面对应称为悬空波导，如图 6-9 所示。

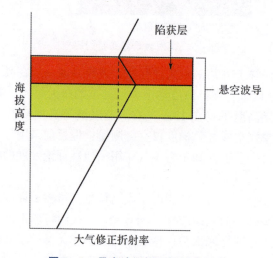

图 6-9　悬空波导修正折射率剖面

悬空波导的发生概率同样远小于蒸发波导，与表面波导发生概率相近，且同样在沿海区域发生概率较高。据数据统计分析，悬空波导的高度范围一般从数百米到几千米，波导层底高平均在一千多米，波导层厚度一般为一百多米。悬空波导主要影响空基电子系统电磁波的传播效应，对满足波导传播条件电磁波的捕获能力同样很强。

6.2 大气波导超视距传播产生条件

大气波导是一种可以使电磁波产生超折射的环境现象，它可以将零度附近低仰角的电磁波陷获在波导层内，形成超视距传播，显著增加无线电系统的探测、通信距离，发现超视距目标，实现远距离通信。然而，并不是只要大气波导存在就可以实现超视距传播，还取决于发射波的频率、发射源位置，以及发射仰角的大小。对应于超视距传播发生条件，这里给出极限频率和穿透角的概念。

对于水平极化波，定义电磁波能形成波导传播的最大波长 $\lambda_{h\max}$ 为

$$\lambda_{h\max} = 2.5 \times 10^{-3} \left(-\frac{\mathrm{d}M}{\mathrm{d}h} \right)^{\frac{1}{2}} \delta^{\frac{3}{2}} \tag{6.6}$$

式中：δ 为波导层厚度；$\frac{\mathrm{d}M}{\mathrm{d}h}$ 为大气修正折射率垂直梯度。对于垂直极化波，电磁波能形成波导传播的最大波长 $\lambda_{v\max}$ 为

$$\lambda_{v\max} = 3\lambda_{h\max} \tag{6.7}$$

则根据波长与频率的转化关系：$\lambda f = c$（真空中光速）可得水平极化和垂直极化的极限频率分别为

$$f_{h\min} = 12 \times 10^{10} \left(-\frac{\mathrm{d}M}{\mathrm{d}h} \right)^{-\frac{1}{2}} \delta^{-\frac{3}{2}} \tag{6.8}$$

$$f_{v\min} = 4 \times 10^{10} \left(-\frac{\mathrm{d}M}{\mathrm{d}h} \right)^{-\frac{1}{2}} \delta^{-\frac{3}{2}} \tag{6.9}$$

即当电磁波频率高于该极限频率时，在对应的波导参数环境中可以发生超视距传播。

同样，并不是所有仰角的电磁波在波导层内都能发生超视距传播，只有发射仰角小于穿透角的电磁波才能被波导捕获。定义穿透角为

$$\theta_c = \sqrt{2 \times 10^{-6} \mathrm{d}M} \tag{6.10}$$

式中：$\mathrm{d}M$ 为天线高度处 M 与波导顶高度处的 M 之差。

综上，电磁波若能被波导捕获形成超视距传播必须满足以下几个条件。

①大气环境中出现大气波导，即存在 $\frac{\mathrm{d}M}{\mathrm{d}h} < 0$ 的大气层结。

②电磁波频率大于极限频率。

③电磁波的发射俯仰角小于穿透角。

④电磁波发射源位于波导高度内。

经统计计算显示,波导极限频率一般大于 30MHz,大部分地区低于 500MHz,其中西北内陆波导出现多的地区一般都在 200MHz 以上,东南沿海地区多数在 GHz 的量级上。大气波导穿透角大部分地区不超过 0.4°,最高可达 0.8°左右,较低时一般在 0.2°以下。

6.3 反常大气环境下的射线描迹

反常大气环境下的折射误差与正常大气相比具有明显的差异性,尤其是仰角较低时(≤3°),无论是大气波导环境下被波导捕获的超视距链路电波折射误差还是超折射环境下地空链路的电波折射误差,在低仰角时均比正常大气传播时大得多。当低仰角射线满足大气波导传播条件时,其射线轨迹会受波导内的折射效应影响弯向地面,经地面或波导底层反射后反复在波导高度内做周期性跳跃,实现超视距传播。由于大气波导的电磁波捕获特性,使得在波导高度上空的区域形成一定范围的盲区,原本在正常大气环境下可以探测到的目标将不再探测得到;同样,由于大气波导的捕获效应,使得波导高度内原本正常大气环境下处于视距外探测不到的目标反而可以探测得到,此时将产生异常大的折射误差,尤其是仰角误差和高度误差。

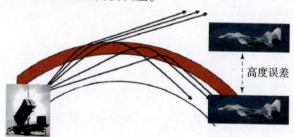

图 6 – 10 大气波导环境下的折射误差效应

6.3.1 大气波导环境下的射线轨迹

有别于正常大气环境下地空链路射线轨迹的计算方法,大气波导环境下的射线轨迹算法要复杂得多。计算地空链路射线传播路径的传统射线描迹算法是轨迹高度上的单方向积分累加过程,而大气波导环境下的射线轨迹则是在波导内的反复跳跃过程,其描迹过程不再是单一的由低到高,因此需要进行复杂的判断处理过程。这里主要给出低仰角射线被波导捕获时的射线描迹过程和相关算法。

1. 泰勒级数近似模式

球面分层大气的 Snell 定律为

$$n_0(r_e + h_0)\cos\theta_0 = n(r_e + h)\cos\theta \tag{6.11}$$

式中：θ 为 h 处仰角，令 $m(h) = n(h) + \dfrac{h}{r_e}$，则当 $h_0 \ll r_e$ 且 $n \approx 1$ 时，式 (6.11) 可近似为

$$m(h)\cos\theta = m(h_0)\cos\theta_0 \tag{6.12}$$

即平地面下的 Snell 定律形式，地球也就等效为平地面，m 称为修正折射指数，在此情况下处理大气波导问题就较为方便。由于形成波导传播时射线与波导水平边界间夹角一般较小，且低层大气修正折射率都接近于 1，则将式 (6.12) 进行泰勒二阶近似得

$$m(h_2) - m(h_1) = \Delta m \approx \dfrac{\theta_2^2 - \theta_1^2}{2} \tag{6.13}$$

即

$$\theta_2 = \sqrt{\theta_1^2 + 2\Delta m} \tag{6.14}$$

式中：θ_1 和 θ_2 分别为对应于 h_1 和 h_2 高度处的仰角。假设大气修正折射指数在 h_1 和 h_2 高度间随高度的变化是线性的，且线性变化率为 g，则有

$$m(h_2) - m(h_1) = g(h_2 - h_1) \tag{6.15}$$

由式 (6.13)、式 (6.15) 可得

$$h_2 = h_1 + \dfrac{\theta_2^2 - \theta_1^2}{2g} \tag{6.16}$$

写成微分形式为

$$\mathrm{d}h = \dfrac{\theta \mathrm{d}\theta}{g} \tag{6.17}$$

若记射线在水平方向的分量为 x，则有

$$\dfrac{\mathrm{d}h}{\mathrm{d}x} = \tan\theta \approx \theta \tag{6.18}$$

由式 (6.17)、式 (6.18) 可得

$$\mathrm{d}x = \dfrac{\mathrm{d}\theta}{g} \tag{6.19}$$

即

$$x_2 = x_1 + \dfrac{\theta_2 - \theta_1}{g} \tag{6.20}$$

式 (6.14)、式 (6.16)、式 (6.20) 就是射线在大气波导环境中传播时的轨迹参数计算方法。其中，射线在步进过程中，令射线轨迹参数 $\mathrm{d}h_i$ 表示射线从第 i 步到第 $i+1$ 步的高度步长；θ_{i+1}、h_{i+1} 和 x_{i+1} 分别表示射线在第 $i+1$ 步处的仰角、高度和地面距离；g_i 表示第 i 步到第 $i+1$ 步的修正折射指数梯

度;m_i表示h_i处的修正折射指数。轨迹计算过程中主要通过传播仰角的变化来判断射线传播情况,具体过程如下。

1)$0<\theta_i\leq3°$,射线以低仰角向空中方向传播

首先根据当前仰角θ_i判断下一步射线的传播方向,即判断$r=\theta_i^2+2g_i\mathrm{d}h_i$的正负,若$r\geq0$,则射线继续向上传播,没有发生回转,第$i+1$的轨迹参数计算方式为

$$\begin{cases}\mathrm{d}h_i=\min(z_{j+1}-h_i,\mathrm{d}h)\\ \theta_{i+1}=\sqrt{\theta_i^2+2g_i\mathrm{d}h_i}\\ h_{i+1}=h_i+\mathrm{d}h_i\\ x_{i+1}=x_i+\dfrac{\theta_{i+1}-\theta_i}{g_i}\end{cases} \quad (6.21)$$

式中:z_{j+1}为h_i对应剖面第j层的高度最大值。若$r<0$,则射线将发生回转,被波导捕获,此时回转处的射线仰角为零,第$i+1$的轨迹参数计算方式为

$$\begin{cases}\mathrm{d}h_i=\dfrac{\theta_{i+1}^2-\theta_i^2}{2g_i}\\ \theta_{i+1}=0\\ h_{i+1}=h_i+\mathrm{d}h_i\\ x_{i+1}=x_i+\dfrac{\theta_{i+1}-\theta_i}{g_i}\end{cases} \quad (6.22)$$

射线发生回转后将向下传播。

2)$-3°\leq\theta_i<0$,射线以低俯角向下传播

同样的,当$\theta_i<0$时,首先需判断$r=\theta_i^2-2g_{i+1}\mathrm{d}h_i$的正负,若$r\geq0$,则射线继续保持向下传播,没有发生回转,第$i+1$的轨迹参数计算方式为

$$\begin{cases}\mathrm{d}h_i=\min(h_i-z_j,\mathrm{d}h)\\ \theta_{i+1}=\sqrt{\theta_i^2-2g_{i+1}\mathrm{d}h_i}\\ h_{i+1}=h_i-\mathrm{d}h_i\\ x_{i+1}=x_i+\dfrac{\theta_{i+1}-\theta_i}{g_{i+1}}\end{cases} \quad (6.23)$$

式中:z_j为h_i对应剖面第j层的高度最小值。若当$h_i=0$,即射线触地时还未发生回转,则射线在地面发生全反射,此时有

$$\begin{cases}\mathrm{d}h_i=0\\ \theta_{i+1}=-\theta_i\\ h_{i+1}=h_i\\ x_{i+1}=x_i\end{cases} \quad (6.24)$$

随后射线将向上传播,按仰角大于零时的轨迹参数计算方法继续跟踪计算。

若 $r<0$,则射线发生由下到上方向上的回转,回转处仰角为零,此时有

$$\begin{cases} \mathrm{d}h_i = \dfrac{\theta_{i+1}^2 - \theta_i^2}{2g_{i+1}} \\ \theta_{i+1} = 0 \\ h_{i+1} = h_i + \mathrm{d}h_i \\ x_{i+1} = x_i + \dfrac{\theta_{i+1} - \theta_i}{g_{i+1}} \end{cases} \quad (6.25)$$

回转后射线向上传播,同样按仰角大于零时的轨迹参数计算方法继续跟踪计算。

3) $\theta_i = 0$

此时需要判断射线所处大气层处 g_i 的正负:若 $g_i > 0$,射线向上传播;若 $g_i < 0$,射线向下传播。

图 6-11 给出了利用射线描迹技术计算获得的大气波导环境下射线传播轨迹示例。

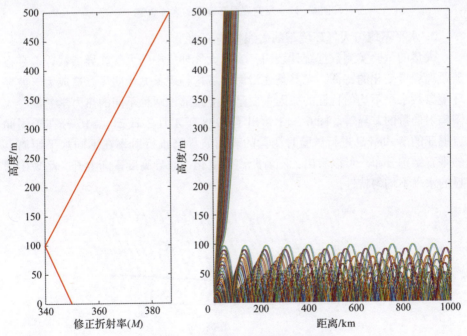

图 6-11　表面波导环境下的射线轨迹

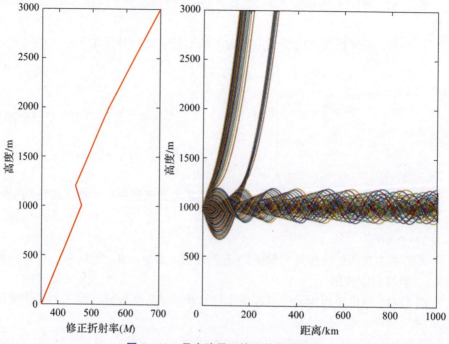

图 6-12 悬空波导环境下的射线轨迹

2. 水平不均匀大气环境下的射线描迹

大量的试验实测数据统计表明,实际大气环境中的大气波导参数普遍存在随距离缓慢变化的特征,尤其是在沿海区域这种现象尤为明显。造成大气波导环境参数水平不均匀特性的原因主要是海上跟陆地两种不同的热力学差异、太阳辐射通量的差异等。图 6-13 给出了 1998 年 4 月 2 日 21 点 10 分在美国弗吉尼亚的 Wallop 岛进行试验时测量的表面波导修正折射率在不同水平距离上的垂直结构分布。可以看出,随着距离的变化,波导高度逐渐上升,呈现出明显的水平不均匀特性。

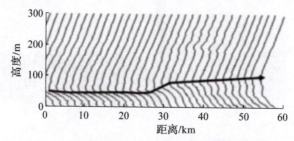

图 6-13 不同实测距离上表面波导的不均匀特征

当假设大气水平方向均匀时，射线轨迹参数计算过程中，高度 h 处的修正折射率只需要通过高度方向上的插值即可求出

$$M = M_1 + g(h - h_1)$$
$$= M_1 + \frac{M_n - M_1}{h_n - h_1}(h - h_1) \quad (6.26)$$

式中：M_1 为前一个高度层 h_1 处的修正折射率；M_n 为后一个高度层 h_n 处的修正折射率；g 为两高度层之间的修正折射率梯度。然而，当大气环境参数在水平方向上变化时，折射率在垂直方向和水平方向上都需要进行插值处理。若当前射线轨迹处的地面距离为 x，则距离 x 处某高度层的修正折射率 M_x 为

$$M_x = M_{x1} + \frac{x - x_1}{x_n - x_1}(M_{xn} - M_{x1}) \quad (6.27)$$

式中：M_{x1} 为前一距离 x_1 处某高度层的修正折射率；M_{xn} 为后一距离 x_n 处某高度层的修正折射率，然后，再进行垂直高度上的折射率插值计算。

假设距发射天线 0km 处、500km 处、1000km 处分别测得的修正折射率剖面如图 6 – 14 所示，那么在 0 ~ 1000km 距离范围内对剖面采样点进行内插后，得到水平不均匀大气环境下的射线轨迹如图 6 – 15 所示。可以看出，随着波导层的升高，射线的陷获层也随之升高，最后由于波导的消失射线全部溢出，不再做周期性跳跃。

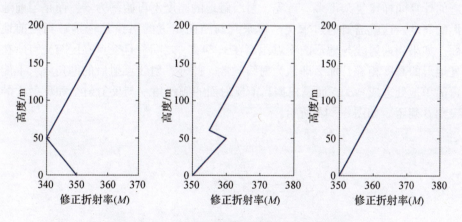

图 6 – 14　不同采样距离上的修正折射率剖面

3. 不规则下垫面大气波导环境下的射线描迹

当大气波导的下垫面为平坦地/海面时，处理方法比较简单：当射线高度 $h_{i+1} < 0$ 时，令 $h_{i+1} = 0$，此时高度步长 $\mathrm{d}h = 0 - h_i$，根据 $\mathrm{d}h$ 重新计算地面距离 x_i 和仰角 α_i，则射线反射后的仰角 $\alpha_{i+1} = -\alpha_i$。然而在实际传播环境中，大部

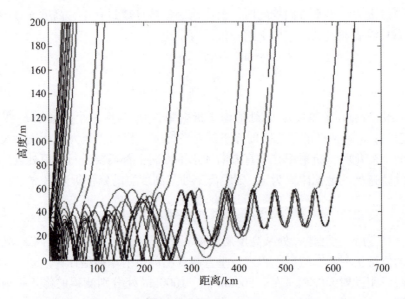

图 6-15 水平非均匀大气环境下的射线轨迹

分的地/海面是高低起伏变化的不规则下垫面,被波导捕获的射线经不规则下垫面反射同样会导致轨迹发生变化,且极有可能穿出波导,这种情况下射线轨迹的计算同样要复杂得多。首先,射线触地的高度不再始终为零,而是当前地形的高度。这就需要通过求交运算来判断当前步进的射线是否接触到当前地面。如果当前射线与地形的交点距离在 x_i 与 x_{i+1} 之间,且交点高度与交点所在处地形的高度相等,那么即认为射线触地。此外,射线反射后的仰角 α_{i+1} 不能再简单地处理成 $-\alpha_i$,而是根据当前反射面的倾斜角 γ 与反射射线和反射面的夹角 β 确定。如图 6-16 所示。

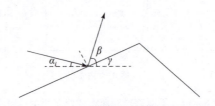

图 6-16 射线经不规则下垫面反射示意图

设大气环境为高度 50m 的表面波导,雷达发射仰角范围为 $-0.3° \sim 0.3°$,发射高度 10m。图 6-17 给出了下垫面为不规则地形和平坦地形下的射线轨迹比较。

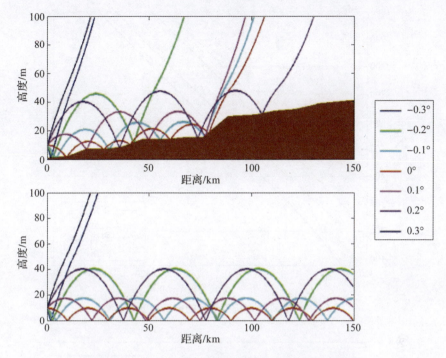

图 6-17　不同发射仰角下不规则/平坦地面的射线轨迹

通过对水平非均匀和不规则下垫面大气波导环境下的射线轨迹进行描迹仿真，可以看出复杂大气波导环境对电波传播的影响主要体现在以下三个方面。

(1) 导致已经被捕获的射线穿出波导。
(2) 改变射线在波导内的跳变距离。
(3) 改变射线的陷获高度。

这些变化都会对雷达探测误差产生影响。

6.3.2　反常大气环境下的折射误差对比

为了更加清楚的展示反常大气环境下的折射误差与正常大气相比的差异性，图 6-18 给出了利用青岛站气象探空数据计算得到的四种典型折射类型的修正折射率剖面，折射率剖面既包含了正常大气，也包含了超折射、表面波导和悬空波导这几种反常大气环境类型。

令雷达高度为 200m，目标高度为 10km。则在四种典型折射类型环境下的雷达折射误差随仰角的变化如图 6-19 ~ 图 6-21 所示。

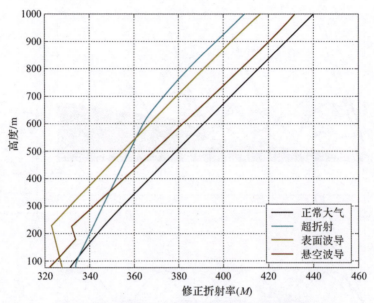

图 6-18　四种典型折射类型的修正折射率剖面

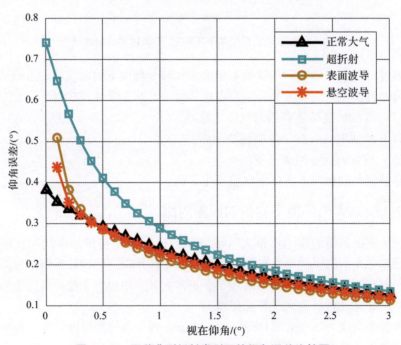

图 6-19　四种典型折射类型下的仰角误差比较图

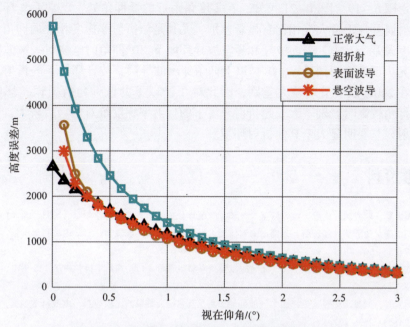

图6-20 四种典型折射类型下的高度误差比较图

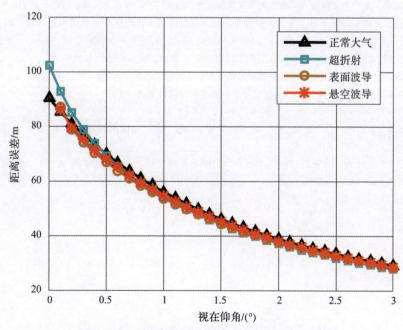

图6-21 四种典型折射类型下的距离误差比较图

由图 6-19～图 6-21 可知,在零度角附近的低仰角处,反常大气环境下的折射误差与正常大气相比有显著差别,尤其是与折射率梯度相关的仰角误差和高度误差。其中,表面波导和悬空波导环境下,0°仰角的电波射线被波导捕获,无法正常探测到目标。0.1°以上仰角穿出波导层,波导环境下的折射率梯度只在 200m 以下呈现较大差别,因此对 0.3°以下的低仰角折射误差影响较大,仰角较高时区别不大。超折射环境下的折射率梯度绝对值一直较大,因此其折射误差要明显大于其他折射环境。

参考资料

[1] 蔺发军,刘成国,成思,等. 海上大气波导的统计分析 [J]. 电波科学学报,2005,20(1):5.

[2] 刘成国,黄际英,江长荫. 东南沿海对流层大气波导结构的出现规律 [J]. 电波科学学报,2002, 17(5):509-513.

[3] 刘成国,潘中伟. 中国低空大气波导的极限频率和穿透角 [J]. 通信学报,1998,19(10):91-95.

[4] 蔺发军,刘成国,等. 近海面大气波导的探测及其它研究结果的比较 [J]. 电波科学学报,2002, 17(3):269-272.

[5] 刘成国. 蒸发波导环境特性和传播特性及其应用研究 [D]. 西安:西安电子科技大学,2003.

[6] 江长荫. 低仰角无线电定位测速的大气层电波传播误差 [J]. 电波与天线,1982,(1):1-62.

[7] 孙方,王红光,康士峰,等. 大气波导环境下的射线追踪算法 [J]. 电波科学学报,2008,23 (1):179-183.

[8] 康士峰,张玉生,王红光. 对流层大气波导 [M]. 北京:科学出版社,2014.

[9] 刘成国,潘中伟. 低空大气波导的研究状况及前景 [J]. 电波与天线,1996,11(1):1-5.

[10] 刘成国,潘中伟. 中国低空大气波导出现概率和特征量的统计分析 [J]. 电波科学学报,1996, 11(2):60-66.

[11] 姚展予,赵柏林,李万彪,等. 大气波导特征分析及其对电磁波传播的影响 [J]. 气象学报, 2000,58(005):605-616.

[12] 孙方,王红光,林乐科,等. 水平不均匀波导环境对雷达探测误差的影响 [J]. 现代雷达, 2012,34:663-666.